专业户健康高效养殖技术丛书

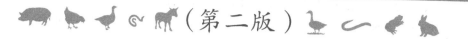

（第二版）

黄鳝养殖

关键技术精解

杨菲菲　王前勇　主编

U0212007

化学工业出版社

北京

本书是在《黄鳝健康养殖新技术》基础上修订而成，详细讲解黄鳝的生物学特性、营养需要及饲料、健康养殖要求、人工繁殖、苗种培育、成鳝养殖、病害防治、捕获、储存与运输以及活饵培育等技术要点，内容科学实用，精解养殖关键技术，注重解决生产与管理中的需求，可供从事黄鳝养殖的专业户和行业技术人员参考使用。

图书在版编目（CIP）数据

黄鳝养殖关键技术精解/杨菲菲，王前勇主编. —2版. —北京：化学工业出版社，2019.2（2025.1重印）
（专业户健康高效养殖技术丛书）
ISBN 978-7-122-33576-0

Ⅰ.①黄… Ⅱ.①杨…②王… Ⅲ.①黄鳝属-淡水养殖
Ⅳ.①S966.4

中国版本图书馆 CIP 数据核字（2018）第 297290 号

责任编辑：彭爱铭　　　　　　　　文字编辑：赵爱萍
责任校对：杜杏然　　　　　　　　装帧设计：张　辉

出版发行：化学工业出版社（北京市东城区青年湖南街13号　邮政编码100011）
印　　装：北京科印技术咨询服务有限公司数码印刷分部
850mm×1168mm　1/32　印张 7¼　字数 200 千字
2025 年 1 月北京第 2 版第 7 次印刷

购书咨询：010-64518888　　　　　售后服务：010-64518899
网　　址：http://www.cip.com.cn
凡购买本书，如有缺损质量问题，本社销售中心负责调换。

定　　价：29.00 元　　　　　　　　　版权所有　违者必究

本书编写人员名单

主　编　杨菲菲　王前勇

副主编　熊家军　陶双能

参　编　董　尧　吴桂香　陶利文　王玉珍

前　言

　　黄鳝产业既是我国淡水渔业的新兴产业，也是我国农村发展最为迅猛的增收产业之一，更是当前农村一个新的经济增长点。近年来，我国以长江黄河、淮河流域为主的黄鳝生产得到了快速发展。昔日不被重视的"小水产"、野杂鱼之一的黄鳝已成为农民增收、农业增效和农村致富的重要产业之一。

　　黄鳝养殖之所以在短期内如此快速地发展，是因为具有四大显著特点：一是技术工艺易被群众接受，符合我国当前农民对技术吸纳水平的文化程度；二是能够当年投资、当年受益，而且具有较高的经济回报率；三是养殖方式可以实现多样化，既可以进行规模化的大面积生产，也适合千家万户的分散经营，既可以在池塘、湖泊中设置网箱养殖，也可以在水泥池、稻田等水域直接养殖；四是重视对其养殖技术、养殖模式的推广普及，国家及地方政府大力扶持推广。

　　尽管如此，当前大部分黄鳝养殖户不得其法，疾病频发，使得黄鳝成品质量得不到保证，单位水面产量低，未能获得应有的经济效益。也有部分养殖户未能紧跟国家"十三五"规划步伐，找不准转型方向或升级滞后，特别是养殖方式（养殖污水排放、冰鲜幼杂鱼直接投喂、养殖密度过高、违规用药四个问题）落后，被市场和政策淘汰。如此，一方面挫伤了养殖户的养殖积极性，另一方面造成了市场供应紧张的局面，不利于黄鳝养殖业的健康发展。

为了帮助广大养殖户提高技术水平，科学养鳝，向市场提供优质安全绿色的鳝鱼，满足人们的需求，促进水产养殖可持续发展，结合近年来的发展现状和取得的技术进步，根据笔者多年来从事黄鳝养殖的经验，吸收了同行在黄鳝养殖过程中取得的成功经验和失败教训，经过精心组织，编撰了此书。

本书分十二章，分别介绍了黄鳝的经济价值、生物学特性、营养需要及饲料、健康养殖要求、人工繁殖、苗种培育、成鳝养殖、活饵培育、病害防治、捕获、储存与运输等技术要点，书末还附有无公害食品、黄鳝养殖技术规范、渔用药物使用准则和渔用配合饲料安全限量标准供大家查阅。

本书内容丰富，理论阐述深入浅出，技术指导性、实用性强。在编写本书过程中也得到了许多同仁的关心和支持，在书中引用了一些专家、学者的研究成果和相关书刊资料，在此一并表示诚挚的感谢。由于编写时间仓促，加之编者水平有限，疏漏和不妥之处在所难免，恳请广大读者批评指正。

编者
2018 年 8 月

目 录

第一章 概　述

　　黄鳝，俗称鳝鱼、田鳗和长鱼等，是一种淡水硬骨鱼类，广泛分布于中国、印度、马来西亚和印度尼西亚。黄鳝已在中国中南部开展大面积养殖，由于其生长快、成活率高以及对网箱养殖条件的适应性好，被当作中国水产养殖的首选品种之一。鳝肉细嫩，鲜美可口，营养价值高，具有滋补强身和药用功能，深受消费者青睐。

一、我国黄鳝养殖现状

　　据统计，黄鳝目前在我国市场的年需求量达 300 万吨，日本、韩国每年需要从我国进口 20 万～30 万吨。2015 年，我国市场黄鳝供应量约为 100 万吨，其中人工养殖黄鳝总产量近 40 万吨，其中湖北省是我国黄鳝养殖大省，产量接近全国总产量的一半。除人工养殖的外，其他供应市场的黄鳝大都是从野外抓捕过来的，这也造成了黄鳝野外资源的破坏。造成如此大的供需缺口的原因，除黄鳝野生资源量在逐年下降外，养殖所需的种苗供应短缺是主要因素。当前，人工繁殖的黄鳝苗能供给养殖户的数量非常有限，仅占总投放量的 3％～5％。由于需求的增长和资源的不断减少，导致黄鳝种苗的市场供应日趋紧张，价格显著提高。一方面，由于自然资源的下降，造成种苗的巨大缺口而影响黄鳝的养殖；另一方面，由于黄鳝的食用市场的进一步扩大及药用价值的开发利用，使黄鳝的价格有升无降，养殖户对黄鳝的养殖热情有增无减，各种养殖方式成规模的发展，甚至不少农户利用房前屋后的小坑小池养殖黄鳝，不少地方把发展黄鳝规模养殖作为一项促进农民致富的主导产业来抓，使我国的黄鳝养殖规模空前扩大。这个矛盾已经不是市场调节就可以解决的问题了，解决这个矛盾的有效手段就是发展黄鳝人工繁殖规模化生产。黄鳝人工繁殖规模化生产虽说近几年取得了突破性的阶段性成果，湖北省一些地市养殖企业依托华中农业大学和长江大学黄鳝科研团队十多年的研究成果，采用人工仿生态无土化、有土化繁育"两条腿走路"的方式，逐步实现了黄鳝人工繁育"从无到有、从不可控到稳定"的巨大转变，但要全面推广还有一段路要走。

二、黄鳝养殖的意义

（一）营养价值

黄鳝营养成分丰富，每 100 克肉中含蛋白质 18.83 克，脂肪 0.91 克，钙质 38 毫克，磷 150 毫克，铁 1.6 毫克，富含硫胺素（维生素 B_1）、核黄素（维生素 B_2）、抗坏血酸（维生素 C）、尼克酸（维生素 PP）等多种人体必需的维生素。黄鳝全身可食部分超过 65％，可做成多种佳肴，味道鲜美。

黄鳝平均含肉率 69.9％，较黄颡鱼 67.53％、鳜鱼 67.62％、罗非鱼 67.18％、元江鲤 67.0％、荷包红鲤 53.4％、鲫鱼 63.63％高，较南方大口鲶 79.84％和鲶 79.71％低。黄鳝含肉率及非肉质部分构成比例详见表 1-1。

表 1-1　黄鳝含肉率及非肉质部分构成比例　　单位：％

项目	平均值	变动范围
含肉率	69.90	68.89～70.43
内脏及血液	15.24	14.59～16.10
鳃及骨骼	9.91	9.36～10.44
皮肤	5.01	4.90～5.15

黄鳝肌肉蛋白质平均含量为 18.83%，脂肪平均含量为 0.93% 左右，灰分平均含量为 1.01%。黄鳝与其他经济鱼类肌肉营养成分比较见表 1-2。

表 1-2　黄鳝与其他经济鱼类肌肉营养成分比较　　　单位：%

鱼种类	水分	蛋白质	脂肪	灰分
黄鳝	79.00	18.83	0.93	1.01
黄颡鱼	82.40	15.37	1.61	0.16
南方大口鲶	82.20	15.10	1.47	—
鲶	82.10	14.99	1.62	—
鳜鱼	79.76	17.56	1.50	1.06
乌鳢	76.92	19.50	1.67	1.13
鲢鱼	76.48	15.80	5.56	1.77
鳙鱼	78.89	19.26	3.04	1.16
草鱼	81.59	15.94	0.62	1.22
青鱼	79.63	18.11	0.76	1.23
团头鲂	76.72	16.68	3.36	1.35
鲤鱼	79.80	16.52	2.06	1.18
鲫鱼	80.28	15.74	1.58	1.64

氨基酸组成及含量是反映蛋白质质量的一个重要标志，黄鳝肌肉中含有 17 种氨基酸，氨基酸总量平均为 18.01%（占鲜重），高于鳜鱼和黄颡鱼，表明黄鳝肌肉蛋白质是高品质蛋白质（表 1-3）。

表 1-3　黄鳝肌肉含氨基酸与其他肉食性鱼类的比较

氨基酸	占鲜重百分比/%		
	黄鳝	鳜鱼	黄颡鱼
天冬氨酸（Asp）	1.56	1.79	1.64
苏氨酸（Thr）	0.76	0.80	0.71
丝氨酸（Ser）	0.77	0.70	0.52
谷氨酸（Glu）	2.68	2.72	2.40
甘氨酸（Gly）	1.40	0.83	0.77

氨基酸	占鲜重百分比/%		
	黄鳝	鳜鱼	黄颡鱼
丙氨酸（Ala）	1.30	1.07	0.93
半胱氨酸（Cys）	0.32	0.09	0.11
缬氨酸（Val）	0.92	0.55	0.27
蛋氨酸（Met）	0.56	0.55	0.76
异亮氨酸（Ile）	0.74	0.75	0.76
亮氨酸（Leu）	1.56	1.46	1.29
酪氨酸（Tyr）	0.65	0.58	0.33
苯丙氨酸（Phe）	0.77	0.79	0.66
赖氨酸（Lys）	1.62	1.58	1.40
组氨酸（His）	0.39	0.37	0.30
精氨酸（Arg）	1.21	1.21	0.93
脯氨酸（Pro）	0.80	0.52	0.39
氨基酸总量	18.01	16.66	14.19

黄鳝肌肉中 4 种鲜味氨基酸总量为 6.94%，每种鲜味氨基酸均显著高于黄颡鱼、鲶鱼、鳜鱼、沟鲶四种鱼类（表 1-4）。

表 1-4　黄鳝与其他几种淡水鱼肌肉鲜味氨基酸含量比较

单位：%

氨基酸	黄鳝	黄颡鱼	鲶鱼	鳜鱼	沟鲶
天冬氨酸	1.56	1.50	1.53	1.79	1.86
谷氨酸	2.68	2.34	2.43	2.72	2.71
甘氨酸	1.40	0.65	0.59	0.83	0.75
丙氨酸	1.30	0.81	0.81	1.07	1.04
合计	6.94	5.3	5.36	6.41	6.36

（二）药用价值

据史料记载，秦汉时期就有人将黄鳝食用和药用。唐、宋时期黄鳝已成为通常食品，明代已药用入典，俗有"夏吃一条鳝，冬吃一支参"的说法。在我国历代本草书中都有黄鳝药用价值的记载。其味甘，性温，无毒，入肝、脾、肾经，补虚损，除风湿，通经

黄
鳝
养
殖
关
键
技
术
精
解

脉，强筋骨，主治痨伤、风寒湿痹、产后淋沥、下痢脓血、痔瘘。黄鳝的血能祛风、活血、壮阳，可治癣、瘘、口眼㖞斜、耳痛、鼻出血等；黄鳝的头能治疗积食不消；头骨烧之，内服止痢；皮可用于治乳房肿痛；骨可治疗虚劳咳嗽。许多中医著作载有鳝可"补五脏，逐风邪，疗湿风恶气"的"鳝疗"方剂和食疗方法，如"黄鳝小米粥""内金黄鳝汤"等经典方法。在"黄鳝之都"湖北仙桃，当地"鳝鱼粉丝"已成为一张靓丽的"小吃名片"（图1-1）。现已确认黄鳝对治疗面部神经麻痹、中耳炎、鼻息肉、骨质增生、痢疾、风湿等一些疑难杂症有显著疗效。

鳝鱼粉丝   鳝鱼小米粥   粉蒸鳝鱼

图1-1 黄鳝小吃

现代医学研究表明，从黄鳝肉中提炼出的黄鳝鱼素A和黄鳝鱼素B两种物质都具有调节血糖的功能，单独服用均能显著降低人体血液中的血糖浓度，两者合用时，能平衡血糖水平，是糖尿病患者的理想食品。

（三）市场需求

由于黄鳝在水产品中的特殊地位，国内对黄鳝的市场需求量日益增大，每年市场需求在300万吨以上，随着大量食用以及黄鳝药用、保健方面的开发，年需求量还会进一步提高，而目前能够投放市场的黄鳝与需求量之间缺口巨大，就是投放到市场的黄鳝大部分还是野外抓捕的黄鳝，人工养殖的只有不到1/3。虽然市场需求巨大，但由于黄鳝怀卵量小、孵化率低、种苗成活率低等，严重制约了黄鳝养殖的发展。目前这种巨大的供求矛盾，只有进一步完善黄鳝人工繁殖技术、提高人工孵化率以及提升种苗培育技术后可望有所改变。

黄鳝不仅在我国分布广泛，而且在亚洲其他国家如泰国、印度尼西亚、菲律宾、印度、日本、朝鲜等也有分布。这些国家也有吃黄鳝的习惯，尤以日本为最，而且有"夏吃烤鳝"的风俗。虽然这些地方也有野生的黄鳝可以捕捞，也有零星的养殖，但其市场需求量太大，无法满足。另外，国际市场的进一步开发会使国际需求量进一步扩大。

黄鳝对环境的适应性强，对水体、水质要求不高，能在稻田、塘堰、沟渠等浅水水域生长和繁殖。如要增加黄鳝产量，可以改善稻田、塘堰、沟渠的小环境，增加自然饵料，提高天然产量。更有效的方法是积极发展黄鳝的人工养殖。人工养殖黄鳝设施简单，成本低廉，饲养技术易于掌握，病害少，管理方便。目前，国内市场上黄鳝的价格稳步提高，日本市场黄鳝的价格比鳗鱼还高，具有很高的利润空间。人工饲养黄鳝不但能改善农村环境，而且还能促进农民增收，帮助农民致富，是建设新农村的重要途径之一，前景广阔。

（四）资源的需要

黄鳝规模化养殖对黄鳝种苗的需求会进一步扩大，而野生的黄鳝资源有限，为了保证黄鳝养殖种苗的供应，野外捕捞种苗的力度正进一步加强，如果直接把这些低龄黄鳝养殖为成鳝供应市场，由于黄鳝性逆转的生理特性，就会使大多数野外黄鳝不能生育，也就无形地减少了资源的再生能力，黄鳝资源会遭到不可逆的打击。为了保护资源，除了制定保护措施外，黄鳝养殖中的人工繁殖技术必须进一步提升，并形成规模化生产，以满足人工养殖种苗的需求；同时，为有效地进行资源保护，还需要进行资源补给，进行人工放流。这样，不仅保护了产业的发展，而且保护了资源。

三、我国黄鳝产业的特点及发展趋势

近年来，我国的黄鳝产业出现了良好的发展势头，农民养鳝的积极性不断增强，养殖形式也从单一池塘养殖发展到水泥池养殖、稻田养殖、网箱养殖、流水无土养殖等多种形式，养殖规模不断扩大。虽然黄鳝养殖发展态势良好，但仍然存在一些问题。

（一）我国黄鳝产业的主要现状及发展趋势

1. 规模化、集约化养殖呈现良好势头

规模化、集约化养殖模式具有成本低、产品规格整齐、抗市场风险能力强、经济效益好等优势，受到广大养殖户的欢迎，这种养殖模式改变了传统的零星单池小生产经营，在很多地区逐渐铺开，发展势头良好。特别是池塘网箱养鳝，越来越受到各方面的关注和青睐，如安徽淮南的皖龙鳝业有限公司的工厂化养鳝和湖北等地的池塘网箱养鳝。

2. 我国黄鳝在国际市场上的地位日益提高

随着大多数养殖户采用规模化养殖后，活鳝产品的规格提高很快，在国际市场上逐渐受到外商的青睐。据反馈的信息，美国市场对我国黄鳝、泥鳅等名优水产品的需求很大。日本、韩国与东南亚国家的需求也稳步增加。

3. 深加工产业初现端倪

目前除活鲜鳝出口外，已出现烤鳝串、黄鳝罐头、鳝丝、鳝筒等加工产业，黄鳝产业链条向纵深发展。深加工大大提升了黄鳝的经济价值，已越来越受到食品加工企业的重视。

4. 产业科技受到空前重视

为了提高人工黄鳝养殖的效益，越来越多的专家和学者对黄鳝进行了较全面的研究，取得了一大批养鳝新技术和新成果。通过成果推广和应用，科技养鳝逐渐深入人心，黄鳝养殖业的科技含量大为提高，有力地促进了养鳝业的快速发展。

5. "互联网＋"提升了黄鳝产业的发展水平

现代电脑网络传媒技术的飞速发展，使得很多养殖户利用网络传媒宣传和推介自己生产的黄鳝产品。信息的快速传播改变了传统经营模式，缩短了产品交易时间，节约了大量成本，黄鳝产业的发展因此越来越好，越来越快。

6. 对黄鳝产业的投资出现多元化趋势

由最初的零星养殖，到目前已有社会资金看好养鳝业，开始关注并进行批量规模化生产经营。

(二) 我国黄鳝养殖中存在的主要问题

1. 畸形发展影响了黄鳝产业的健康发展

黄鳝养殖的利润很高，为了在短期内获得较高的回报，许多养殖户不顾规模养殖内在规律的约束，在没有掌握过硬的养殖技术和种质资源有保障的情况下，强行盲目扩大规模，最终导致血本无归。如为了获得相应数量的苗种和饲料，对黄鳝苗种的引进、黄鳝动物性饲料的来源等环节把关不严，其结果通常是购进苗种质量良莠不齐，规格参差不齐，放养后的成活率低下；饲料质量差，供应也得不到保障，种鳝营养欠缺，经常发病，影响了健康发育；某些生产环节技术不过关，也会影响黄鳝的生产。

2. 苗种质量得不到保障

目前，养殖者所购得的黄鳝苗种基本上是来自野外捕捞。钩钓捕获的黄鳝因嘴部受伤很容易被识别剔除，药捕、电捕的黄鳝在短时间内肉眼不易区别，下池后 7～10 天会大量死亡。网捕、笼捕的黄鳝若在网笼中停留时间过长，入池后死亡率也相当高；暂养期间密度过高、水质恶化会引起黄鳝发热、酸中毒等，入池后往往表现类似其他病害的症状，很难进行治疗。另外，鳝苗大量捕获的时期正值高温季节，暂养与运输不当，也会造成黄鳝在下池后大量死亡。因此，鳝种的质量在很大程度上由捕捞、暂养和运输方法所决定。由市场上收集而来的成鳝作为种鳝，则很难保证黄鳝苗种的质量。因此，全国黄鳝苗种缺口至少在 200 亿尾以上。

3. 天然黄鳝资源亟待保护

近年来，由于生态环境变化，特别是水资源没得到有利的保护，黄鳝天然栖息地骤减，使得黄鳝资源严重萎缩，在种鳝仍靠野外捕捉的情况下，天然资源的保护显得尤为重要。

4. 驯食不彻底而影响养殖效益

黄鳝在野生环境下摄食习性为昼伏夜出、偏肉食性、喜吃天然鲜活饵料。人工养殖黄鳝时，如果不能让黄鳝改变摄食习性，则对养殖的效果、人工饲料的利用率产生较大的负面影响。通过驯食，可以解决黄鳝偏食活饵料的问题。黄鳝是肉食性动物，若投喂单一的动物性饲料，会对其他饲料产生厌食。如果在饲养的初期做好驯食工作，使黄鳝摄食人工配合饲料，在今后的养殖过程中，就可以用来源广、价格低、增肉率高的人工配合饲料喂养黄鳝，对今后防病治病、投喂药饵也有好处。此外，调整黄鳝的摄食时间，野生黄鳝多在晚上出洞觅食，通过驯食，逐步调整投饵时间，使黄鳝在白天摄食。

黄鳝驯食的时间通常需要 40 天左右，有些养殖者在驯食的中间阶段，看到有黄鳝在白天摄食，便停止驯化，其实这仅仅是部分黄鳝对驯食工作产生了条件反射，还有很多黄鳝处在摄食饲料的转化期，需要进一步加强和巩固。

5. 饲料投喂不科学，配合饲料研制滞后

大多数养殖者以投喂蚯蚓、小杂鱼等活饵料为主，很少有投喂人工配合饲料的。投喂小杂鱼等活饵料的黄鳝，多因营养不全面，黄鳝生长缓慢；饵料系数高，加上活饵料生产缺乏连续性，时饱时饥，会引起黄鳝自相残杀，肠炎病、细菌性烂尾病也时有发生，导致养成的黄鳝规格参差不齐、大小不一，产量低下。因此投喂配合饲料是大势所趋，"配合饲料是现代养殖业各种科学技术、知识要素集成的成果，用配合饲料养成的动物产品生产效率更高、安全更有保证。"然而，目前黄鳝配合饲料的研制及加工技术还没有完全突破，"水产养殖饲料工业还要大发展。"（于康震，2016 年）

6. 忽视养殖水质与水位的调节和控制

有许多养殖者在加入新水时，容易忽视对池水水位和水温的调节和控制。池水水位过浅，容易造成池水昼夜温差大；池水水位过深，黄鳝则要经常离开洞穴到水面呼吸空气，影响黄鳝的生长；加入的新水与养殖池中的水温差过大，会引起黄鳝感冒病。

7. 病害防治不及时

病害是规模养殖中最难处理的难题，很多养殖户就是因为对病

害防治不及时而造成养殖失败的。据资料统计，各类鳝病已近30种。

（三）我国黄鳝产业的发展趋势

1. 种苗生产实现批量化

尽管当前黄鳝种苗生产不尽如人意，但已引起有关领导、部门和科研单位的高度重视，长江中下游诸多省份已将黄鳝的种苗生产列为重点工作内容和攻克方向，黄鳝种苗的批量生产问题在近期至少会得到一定范围的解决。2012年7月24日，湖北省仙桃市郭河镇建华村，国家农业科技园区黄鳝繁养科技示范基地内377口网箱配种，已产卵249口，通过抽查，有的一口达到282尾鳝鱼苗，这标志着鳝苗繁育瓶颈技术实现全面突破。

2. 生产形式实现规模集约化

目前，工厂化集约化养鳝已形成较好的雏形，随着社会投资力量的参与和投资多元化的实现，零星生产的形式将会由批量、规模生产的工厂化、集约化生产所代替。

3. 科研、生产、加工实现一体化

实现科研、生产、加工一体化是现代商品生产的必然趋势，将科技成果、技术专利直接与生产加工相结合，直接转化为生产力是发展的必然要求，目前这方面工作刚刚开始，不久的将来可呈现蓬勃发展的局面。

（四）我国黄鳝产业发展的途径

1. 加大黄鳝科研的投入，努力增加科技储备

科研的投入包括科研资金的投入和科研力量的投入，研究的主要内容应包括黄鳝生理、生态特性的研究，黄鳝生产的最佳环境的研究，还有种苗繁育与批量生产等方面的研究。同时对黄鳝的种质资源进行调查和研究。

2. 倡导健康养殖和生态养殖

随着生产的发展，黄鳝的疾病出现多样化和复杂化趋势。解决此问题单纯靠投药防治不是最好办法，应倡导健康养鳝和生态养鳝

黄鳝养殖关键技术精解

等养殖形式，最大限度地减少鳝体药物残存程度，这有利于人们的身体健康，更重要的是有利于占领国际市场。

3. 深入研究养鳝饲养管理技术，扩大集约化健康养殖程度

学习国外先进的黄鳝养殖技术，同时总结国内成功的黄鳝养殖经验，大力开展工厂化规模化养殖是今后黄鳝养殖的方向之一。黄鳝特殊的习性，尤其是适应浅水生活的习性，较适合工厂化立体养殖，更适合于人工调温、控温条件下的集约化养殖。这方面需要解决的内容很多，如环境中的水质、水温、溶氧等，还有全价人工配合饲料的开发等。

4. 加强黄鳝深加工产品研究，拓宽国际市场

随着我国经济水平的提升，国际农产品贸易量日益增加，拓宽黄鳝及深加工产品的国际市场，对于发展我国黄鳝产业也非常重要，目前我国的出口产品仍以活体黄鳝为主，黄鳝产品深加工还需要大力发展，必须加强研究黄鳝的保健食品等多方面的深加工产品内容。此外，加强黄鳝产品的商标注册也迫在眉睫。

（五）对黄鳝养殖者的几点建议

1. 引进适合于当地人工养殖的黄鳝品种

苗种占黄鳝养殖成本的比重较大。养殖成活率的高低、体重增长的比例、收效的多少，在很大程度上取决于鳝种。购买质优、健壮的黄鳝苗种是养殖成功的第一步。我国黄鳝地方自然种群最大的有深黄大斑鳝、浅黄细斑鳝、青灰色鳝三种，还有少数浅白色鳝、浅黑色鳝等。以上几种黄鳝，最适宜于我国人工养殖的是生长速度快、个体大、增重倍数高的深黄大斑鳝和浅黄细斑鳝。从越南、泰国引进的黄鳝，虽然在热带表现出较好的生产性能，但不一定适宜于我国其他地方养殖。

黄鳝苗种最好在当地引种，主要原因：一是鳝种来源清楚，是钩钓的、电打的、药捕的还是笼捕的，养殖者能够清楚了解；二是在购到鳝种后，运输距离和时间短，处理方便，成活率较高。异地购种由于运输时间过长，温度较高，鳝种运回后往往会死亡一部

分；长时间运输使鳝种体质下降，下池后再死亡一部分，再加上长途运输的费用，相比较而言，养殖者在当地购买鳝种，即使价格高一些，但由于鳝种的来源清楚，暂养时间短，离水时间不长，成活率较高，还是比在外地购买鳝种要经济实惠得多。

2. 倡导健康养殖模式，提高商品黄鳝品质和品牌价值

随着养殖规模和集约化程度不断提高，黄鳝病害爆发概率增加，发病的程度加深。为了防治病害，一些养殖户通过增加预防和治疗的药量，大量重复使用抗生素等能在体内残留的药物，致使成鳝品质下降，受到市场排斥，影响了黄鳝产业的健康发展。

为了确保黄鳝养殖业能健康、快速、持续稳定的发展，在病害防治过程中，科学、安全用药，减少药物残留，为消费者提供安全卫生的黄鳝产品是广大养殖户义不容辞的社会责任与义务。在防病治病时选用一些高效低毒的药物及生物制剂，尽可能降低和减少药物残留。利用中药来防病治病也是比较好的方式。不提倡盲目增加饲养密度，过高的养殖密度必然带来较多的病害和水质污染，继而带来违规用药问题，影响水产品质量安全。这样的养殖方式，现在总体上不提倡，不仅不提倡，还要采取措施改变这些不合理的养殖模式，一方面要大力推广标准化水产健康养殖，通过标准化的生产技术规程，引导养殖户合理控制养殖密度，争取做到零用药、零排放；另一方面要通过倒逼机制加强监管，谁出了质量安全问题，渔政执法就要依法查处谁。要抓紧制定养殖废水排放强制性标准，开展养殖废水水质监测，制定养殖生产环境卫生条件和清洁生产操作规程，逐步淘汰废水超标排放的养殖方式（于康震，2016 年）。

养殖户还要树立品牌意识，在生产、销售和经营当中，为成鳝注册商标名称，通过诚信经营打造知名黄鳝品牌，获取相应的品牌价值。

3. 采用有效的囤养技术，常年供应鲜活成鳝

为了错开黄鳝集中上市的时间，赚取更多的利润，可以采用囤养技术来延迟黄鳝的出售时间，从而实现常年供应鲜活成鳝。一般

黄鳝养殖关键技术精解

从 9 月囤养，到春节前后出售，避开因大量上市而市场价格走低的时期。可以在房前屋后建池或在稻田中囤养黄鳝。囤养黄鳝能否赚钱，关键是让黄鳝有较高的存活率和回捕率。因此，要把好黄鳝的引进关和防逃关。有土囤养密度不宜超过 10 千克/米^2，无土囤养密度不宜超过 5 千克/米^2。

第二章　黄鳝的形态特征与生物学特性

黄鳝 *Monopterus albus* Zuiew，属硬骨鱼纲、合鳃鱼目（Synbgranchiformes）、合鳃鱼科（Synbranchidae）、黄鳝属。

黄鳝属于亚热带淡水鱼类，分布很广，东经 90°～150°，北纬 43°以南地区均有分布。在我国除西北和西南部分地区未见分布外，其他地区均有黄鳝的天然分布，尤其在珠江流域和长江流域的各干支流、湖泊、水库、池沼、沟渠中更为常见。江苏、浙江、安徽、江西、广东、湖南、湖北等省的水域和湿地面积广，气候适宜，产量较高，是黄鳝的主要产区。在国外，黄鳝多分布在朝鲜南部、泰国、马来西亚、印度尼西亚、菲律宾等地，美国、印度也有存在报道。

第一节　黄鳝的形态特征

一、黄鳝的外形特征

黄鳝体长似蛇形，前部略呈管状，尾部侧扁渐尖，头大，呈锥形，口大，裂深至眼后（图 2-1）。上颌稍突出，全遮下颌，唇颇发达。上、下颌骨和腭翼骨的前端部及齿骨有细齿。眼小，为透明皮膜所覆盖，皮膜与眼部无结构性联系，可在眼前滑动。视力极度退化。鼻孔小，有前后 2 对鼻孔，前鼻孔在吻端，后鼻孔在眼前沿偏上。鳃孔小，左右鳃孔在腹面下颌后根处相连，呈"V"字形。鳃 3 对，严重退化，无鳃耙，鳃丝短，呈羽毛状，共 21～25 条。第三、四鳃弓咽鳃骨上有上咽齿，第五鳃弓仅 1 块骨片，上下有咽齿。上下咽齿均呈细小毛状。黄鳝全身光滑无鳞，多黏液，侧线完整平直，侧线孔不明显。无偶鳍，奇鳍退化，从幼鳝体上可看到不明显皮褶。体色按地区环境不同分为黄色、褐黄色、泥黄色、褐红色、青褐色、青黄色，体表布有黑色斑点、斑纹，腹部色较淡。四季温和、植被有限的地区多为黄色、褐黄色；低洼沼泽地区常呈泥黄色、褐红色；植被较厚的山区多为青褐色、青黄色。

图 2-1　黄鳝的外形

二、黄鳝的内部构造

黄鳝腹腔膜黑色。无鳔。肠呈直管状，直通泄殖孔，长度为体长的 0.62～0.67 倍。心脏离头部较远，位于鳃裂后约 5 厘米处，肝脏较长，自心脏处延至肠中部，胆囊位于肝末梢及肾脏之前端。精、卵巢位于肠下，长度为肠长的 2/5 左右，并与直肠并入泄殖孔。

黄鳝体长为体高的 23～31 倍，为头长 11～14 倍。头长为吻长的 4～6 倍，为眼径的 9～17 倍，为眼间距的 6～8 倍。脊椎骨有144～166 节，其中躯干椎骨 94～102 节，尾椎骨 46～68 节。成鳝一般体长 50～70 厘米，体重 80～300 克。最大者体长可达 89.6 厘米，重 3480 克。

黄鳝呼吸系统很特别，因鳃退化直接由口腔进行呼吸。另外，喉腔内壁表层组织黏膜上分布着丰富的毛细血管，能进行气体交换，具有辅助呼吸的作用，冬眠期间皮肤和泄殖孔也能承担微呼吸。一旦发生水质恶化、混浊和外界惊扰，前鼻便吸而不呼，后鼻则呼而不吸。这一特性对高密度人工养殖具有重要意义。

第二节　黄鳝的地方种群特征与养殖效果

黄鳝广泛存在于亚洲地区，为亚热带淡水底栖生活鱼类，在我国仅产1种，是我国主要名优淡水水产品之一，由于环境及遗传等因素的影响产生了丰富的体色，形成了具有不同体色的3～6个地方种群，不同种群对环境的适应能力、生长速度、养殖效果不尽相同。

目前国内养殖的黄鳝种群主要有两类。一类是引进泰国、越南的热带黄鳝，这类黄鳝繁殖力强、杂食性、生长速度快，从人工养殖的角度来说是一个极佳的品种，但市场销售业绩不佳。其原因在于热带黄鳝肉质粗糙、口味不佳，市价仅相当于同期同规格本地黄鳝售价的一半，甚至更低，而且销售渠道狭窄，批量销售不畅。同时，热带黄鳝在我国养殖不能自然越冬，不能繁殖，需要每年引种，较麻烦。这类黄鳝仅在少数地区有养殖，未被大面积推广。

另一类是中国本土温带黄鳝地方种群。这些种群主要分布于珠江流域以北，黄河流域以南，其中长江流域分布最多，自然栖息环境主要在田间、水沟和池塘等浅水带。常见的黄鳝地方种群的特征及养殖效果如下。

一、深黄大斑鳝

该鳝身体细长，体圆，体形标准，体表颜色深黄，背部和两侧分布有黑褐色大斑点，斑点在背部一般排列成3列，呈带状，腹部花纹较浅甚至无花纹。生产实践表明，深黄大斑鳝适应环境的能力较强，生长速度较快，个体较大，鳝肉品质较佳，养殖效果较好。

在人工养殖条件下，深黄大斑鳝的增重倍数可达 5～6 倍，是目前我国发展黄鳝人工养殖的首选鳝种。

二、浅黄细斑鳝

该鳝体形也较标准，体色呈浅黄色，背部分布有形状不规则的黑褐色斑点，斑点比较细密，也排列成带状，腹部花纹较浅，生命力较强。但其生长速度不如深黄大斑鳝。在养殖条件下，其增重倍数可达 3～4 倍。该鳝在自然鳝群中数量最多，来源方便，是发展人工养殖、解决鳝种的重要来源。

三、青灰色鳝

该鳝身体细长，体色呈青灰色，全身分布有排列不规则的黑褐色细密的小斑点，这些斑点散布体表，腹部布满花纹，颜色较深。青灰色鳝适应环境的能力相对较弱，生长速度较慢，个体相对较小。在养殖条件下，该鳝增重倍数只有 1～2 倍，养殖效果不如前两种好。青灰色鳝一般不宜选作人工养殖的鳝种。

此外，在黄鳝的自然种群中，还有浅白色鳝、浅黑色鳝，这两种鳝数量不多，生长不快，外相不好，一般不宜用来发展黄鳝养殖。

四、土黄大斑鳝

土黄大斑鳝体色土红，尤以两侧较明显，其他特征与深黄大斑鳝相似，是优质鳝种，但数量少。

第三节　黄鳝的生物学特性

一、黄鳝的生活史

黄鳝不像多数脊椎动物那样终生属于一个性别，其前半生为雌性，后半生为雄性。生活史如图 2-2 所示。

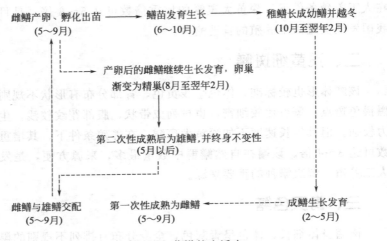

图 2-2　黄鳝的生活史

二、黄鳝的呼吸功能

黄鳝口腔上颌及皮肤侧线一带分布有丰富的毛细血管网，而黄鳝的呼吸就集中在这两个部位。口腔是黄鳝的主要呼吸器官，皮肤也具有很强的呼吸功能。这两类呼吸器官既能从水中获得溶解氧，又能从空气中呼吸氧气。黄鳝从水中获得溶解氧的速率很低，但呼吸强度很高，即使水中溶氧的浓度极低也能进行有效呼吸。黄鳝在平静状态或水温较低时，由于新陈代谢缓慢，机体生化耗氧率低，其完全以呼吸水中的溶解氧为主。当水体极度缺氧时，黄鳝靠呼吸空气中的氧气来弥补，但频率极低，呼吸一次可维持数小时。值得注意的是，后一类情况如果发生在越冬期间，则可能引起窒息或冻伤，所以越冬期间应保持适度换水，以保持水体一定的溶氧。黄鳝在进食、剧烈运动以及气温较高时，从水中获得的溶解氧已远远不能满足机体运动和代谢耗氧，此时黄鳝则转为以呼吸空气中的氧气为主，其表现状态为：或者头部频繁伸出水面呼吸，或者将吻部持续露出水面。

黄鳝呼吸系统的正常运行不仅与作为呼吸器官的口腔、皮肤以及环境的氧气状况有关，同时与血液的载氧能力具有直接的联系。

当载体环境恶化，溶存的有毒化学因子诸如氨、硫化氢和亚硝酸等渗入血液，就会严重影响血液红细胞与氧的结合能力，此种情况同时发生在环境载体 pH 值下降所引起的酸中毒和窒息造成体液 pH 值下降引起的酸中毒。一旦血液载氧力下降，则整个呼吸系统将受到严重影响，初始状态表现为黄鳝长时间将一半或整个头部伸出水面呼吸空气，受到惊动也不下沉，侧卧、仰卧，直至衰竭而亡。特别值得注意，黄鳝机体在此过程中受到的损害在很大程度上是不可逆的，即使把这类黄鳝立即转移到水质清新的环境中，也将有大部分陆续死亡。因此，不能从黄鳝生命力强的表象得出其对生活环境要求不严的结论。比较而言，黄鳝要求比较特殊的生存环境，有些方面甚至比大部分养殖鱼类要求还要苛刻。

从国内反馈的大量黄鳝养殖信息看，导致养殖失败的重要原因之一就是养殖过程中造成了对黄鳝呼吸系统的破坏，尤其表现在苗种来源这一环节。由于目前黄鳝养殖采用野生苗种较多，而采集过程中的不当操作破坏了黄鳝的呼吸系统，但往往其表象并不直观，影响并延误了正确判断，受影响的苗种入池后相继死亡，对养殖造成不可逆转的打击，后果十分严重。因此，实现高效黄鳝养殖，必须以科学规范的操作来保苗种的品质。

三、黄鳝的栖息特性

黄鳝为底栖生活鱼类，适应力强，在各种淡水水域几乎都能生存。湖汊、稻田、塘堰、沟渠、池沼、水库等静水水域中数量较多；水流较缓的溪流、江河缓流处亦有。

黄鳝自然栖息层的水深较浅，一般不会超过 20 厘米，这一特点源于其呼吸功能和身体结构。当黄鳝在摄食、运动和气温较高时，必须以呼吸空气的氧气为主，而其体内没有与其他鱼类的鳔功能一样的器官。因此，一旦水位过深，黄鳝必须靠消耗体力游到水表层呼吸，这显然不利于黄鳝的栖息。在水深区域，如果有密集的水生植物漂浮生长，则同样可供黄鳝栖息。

黄鳝喜栖于腐殖质多的水底淤泥中，在水质偏酸性的环境中也能很好生活。常钻入泥底或田堤，堤岸和水边乱石缝中孔隙内营穴居生活。黄鳝善于钻穴打洞，其洞穴常是由其头部穿穴钻成。穿穴钻洞时其动作相当敏捷，很快就可钻入土中。洞穴圆形，洞长为其体长的 2.45～3.65 倍。洞穴约离地面 30 厘米。洞穴孔道弯曲而又多分叉，每个洞穴至少有 2 个出口，2 个出口一般相距 60～100 厘米，长的可达 200 厘米。其中一个洞口在水中，供寻觅食物或作为临时退路；另一个洞口通常留在近水面 10～30 厘处，以便呼吸空气和逃避敌害。在水位变化大的水域中，多的有 5 个洞口。

黄鳝一般选择软硬适当的泥土钻洞，也在石块周围、树根底下打洞。在稻田中，黄鳝大多沿田埂作穴，栖息在稻田中央的很少；池塘里的黄鳝也多在浅水区活动。在人工养殖时，黄鳝善逃，尤其是缺乏食物时，或者在雨天，或者在水质恶化时，最易逃跑。逃跑时头向上，沿浅水处游动，整个身体窜出，或者尾巴向上，勾住池塘壁沿，借力跃出。如果有孔洞则更容易逃走。严重时可逃得不剩一尾。因此，养殖黄鳝要重视防逃。

黄鳝营洞穴栖息的特征并非是其生存的必然条件，而是为了达到种的延续目的，是经过长期自然选择形成的结果，其意义在于逃避敌害和避免高温严寒的侵袭。由于黄鳝生活于浅水层是其生存的必然条件，但栖息这一水层极易受到禽鸟的袭击，并且该水层温度变化剧烈。因此，黄鳝洞穴是栖息淡水层唯一有利于生存的途径。在人工养殖中，如能有效解决这一冲突，则黄鳝放弃洞穴对其生存栖息和摄食生长并无不利影响，采用网箱、水泥池无土养殖获得成功就很好地说明这一点。

黄鳝昼伏夜出。白天很少活动，一般静卧于洞内，温暖季节的夜间活动频繁，出穴觅食，有时守候在洞口扑食，扑食后即缩回洞内。在炎热季节的白天也出洞呼吸与觅食，这一特性有利于逃避敌害，也是机体自身保护的需要。将黄鳝短时间（数天内）置于日光照射同时保持水温不变的条件下，观察到黄鳝生存和摄食活动并无异常。长时间（超过 10 天以上）的无遮蔽光照，会降低黄鳝体表的屏障功能和机体免疫力，发病率很快上升，这说明黄鳝在长期的进化过程中，已不适宜在强烈光照下生存。

黄鳝的活动与水温有关，冬季有"蛰伏"的习性。水温 10℃以下时，便潜于泥土的深层，进行冬眠（在冬季，黄鳝栖息处干涸时，能潜入土深尺余处，越冬达数月之久）。3 月后，当水温升高时，黄鳝迁居地表洞穴，开始寻食、生长，6～8 月是活动的旺盛季节。10 月后逐渐停食，并钻入深层潜居。

黄鳝的口腔及喉腔的内壁表皮有微血管网，通过口咽腔表皮能直接呼吸空气（在浅水中竖直身体的前部，将吻部伸出水面呼吸空气），故在水中含氧量十分贫乏时也能生活。出水后，只要保持皮肤的潮湿状态，可不至死亡（这对长途运输是十分有利的），黄鳝对光和味的刺激不大敏感。

四、黄鳝体表的屏障功能

黄鳝体表无鳞，但能分泌大量黏液包裹全身。黏液的分泌具有代谢功能，可将体内的氨、尿酸等排出体外，同时更具有保护功能，可有效防止有害病菌的侵入，其作用机制在于，黏液内含有大量的溶菌酶，所以一般黄鳝对细菌性传染病具有极强的抵抗力。溶菌酶只有依附于黄鳝体表才具有活性，脱离机体，其活性很快消失，同时溶菌酶的活性还与机体的健康状况有关，当黄鳝体质衰竭，溶菌酶的活性也随之下降。另外，体表的湿度对皮肤正常的黏液分泌和溶菌酶的产生极为重要，皮肤干燥会导致腺细胞的坏死。而酸、碱、氨、硫化氢等有害物质或高温和高密度引起的发热都会直接损伤皮肤黏液的屏障功能。一旦黄鳝体表的保护层被破坏，有害病菌就会迅速侵入机体。如果创伤较小，由于黄鳝抵抗力较强，此时进行药物治疗则具有一定的疗效。但创面较大，则有害病菌会迅速传染到局部或整个全身。

五、黄鳝的食性与摄食特点

（一）黄鳝的食性

黄鳝是一种以动物性食物为主的杂食性鱼类。主要摄食各种水、陆生昆虫及幼虫（如摇蚊幼虫、飞蛾、水生蚯蚓、陆生蚯蚓等），也捕食蝌蚪、幼蛙、螺、蚌肉及小型鱼、虾类。此外，兼食有机碎屑与藻类。饥饿缺食时，残食比自身小的黄鳝甚至鳝卵，也食部分麸皮、熟麦粒、蔬菜等植物。稚鳝前期以摄食轮虫、枝角类为主，后期则以水生寡毛类、摇蚊幼虫为主。幼鳝与成鳝的食谱基本相同。

黄鳝的摄食活动依赖于嗅觉和触觉，并用味觉加以选择是否吞咽。实验结果表明，黄鳝拒绝吞咽的味觉标准是：无味、过咸、刺激性异味，尤其是对饲料中添加药品极为敏感，并且拒食。当黄鳝摄食时，若味觉选择错误，吞咽后，前肠就会出现反刍现象。虽然黄鳝的天然饵料主要是鲜活类动物，但在有效驯养条件下，黄鳝可以采食任何人工饵料。其摄食的概率、强度和持久性则因人工饵料的成分及其制作工艺而呈现不同的特点。能达到黄鳝稳定摄食人工饵料的条件是：全价的营养组成，特效引诱剂，原料超微粉碎，加工后柔韧性强，耐水性高。

黄鳝对植物性饵料大都是迫食性的，效果不好。稚鳝取食饵料的习惯一旦形成，就很难改变，因此，在饲育黄鳝的开始阶段，必须做好各种饵料的驯养工作，为人工饲养打好基础。

（二）黄鳝的摄食特点

黄鳝对食物的选择性很严，喜食鲜活动物。但在自然条件下，饵料生物的周年变化，其食物有被迫性的季节变化。在自然环境中，与季节饵料生物丰歉有关。春季饵料生物少，黄鳝摄入的饵料中泥沙和腐屑的比例较大。夏秋季饵料生物丰富，摄入的饵料中饵料生物比例较大。

黄鳝摄食方式为口噬食及吞食，多以噬食为主，食物不经咀嚼而咽下，遇大型食物时先咬住，并以旋转身体的办法将所捕食物一一咬断，然后吞食，摄食动作迅速，摄食后即以尾部迅速缩回原洞中。人们往往利用这一特点，用铁丝弯成的钩很容易钓到池塘或者水田边躲在洞穴中的黄鳝。

黄鳝摄食有四大显著特点。一是对蚯蚓的特别敏感性。黄鳝对蚯蚓的腥味天生特别敏感。水中的蚯蚓能被周围数十米远的黄鳝嗅到，并且十分喜爱吃食。我们认为，要成功地养殖黄鳝，就有必要先把蚯蚓养好。虽然我们不主张主要依靠蚯蚓来养殖黄鳝，但为了达到顺利开食，驯化吃食配合饲料及增进黄鳝的食欲，故我们要求养殖户在开展黄鳝养殖的同时，最好人工养殖一定数量的蚯蚓。二是贪食性。由于黄鳝在野生状态下饲料无法得到保证，经常饱一顿饥一顿，因而养成了暴食暴饮的习性。在人工养殖状态下，尤其是在单一投喂蚯蚓或蝇蛆，在吃食旺季，黄鳝一次摄入的鲜料量可达自身体重的 15％左右。过量的摄入食物往往容易导致黄鳝的消化不良而引发肠炎等疾病。而对人工配合饲料的摄食一般不会出现这种情况。三是拒食性。黄鳝的摄食活动依赖于嗅觉和触觉，并用味觉加以选择是否吞咽。对无味、苦味、过咸、刺激性异味饵料均拒绝吞咽，尤其是对饲料中添加药品极为敏感。这也是一些养殖者在饲料中添加敌百虫或磺胺类药物等气味明显的药物来治疗鳝病而不见效的根本原因。四是耐饥饿性。即使是在吃食的高峰期，黄鳝饥饿 1～3 个月也不会饿死。在特别饥饿的状态下，黄鳝体质减弱易诱发疾病和发生大鳝吃小鳝的情况。

自相残杀是黄鳝摄食活动的另一特点，这一情况只有在极度饥饿的情况下发生。实验观察，在黄鳝喜食的饲料中掺入黄鳝肉糜，则黄鳝就会出现拒食情况，这充分证明了上述结论的正确性。正常满足投喂时，即使个体悬殊，也不会出现自相残杀。进一步的实验结果表明，当个体悬殊达到一倍以上，小个体的摄食活动就会被抑制，即使饵料极为充分，小黄鳝也不敢摄食，这种情况若持续发生，将导致个体悬殊进一步加大。这样会影响小个体的生长。因此，人工养殖时要大小分级。

黄鳝的消化系统从解剖结构看有肝脏、胆囊、胰脏和肠道。作为主要消化器官的肠道，无盘曲，中间有一结节将肠道分为前肠和后肠。前肠柔韧性强，可充分扩张。这一结构与肉食性鱼类的肠道类似。其消化特点是：对植物蛋白和纤维素几乎完全不能消化，对动物蛋白、淀粉和脂肪能有效消化，因此任何使用植物性饲料饲养黄鳝的企图都是对黄鳝消化功能缺乏了解的表现。但适度添加植物性饲料可促进肠道的蠕动，提升摄食强度。黄鳝的新陈代谢缓慢，反映在消化系统表现为消化液分泌量少，吸收速率低，这一特征作为种的特性实际上是一种自我保护的功能，可防止食物匮乏时机体的过度消耗。这一特性对养殖是极为不利的，严重抑制了增重速度。这一特性并非不可改变，在定期投喂和消化促进剂的激活下，消化系统可很快变得极为活跃，同时在人为增强黄鳝活动量后，就可以进一步稳定这种改善了的消化功能。

六、黄鳝的生长与年龄特点

1. 生长特点

黄鳝在自然条件下生长较缓慢，由于不同个体生活的环境不一致，其生长情况和产卵期长短不一样，故同龄黄鳝个体差异很大。据报道，在湖北省湖泊、河道中捕捞的黄鳝，1龄黄鳝全长18～30厘米，体重6～32克；2龄黄鳝全长27.5～38厘米，体重29～94克；3龄黄鳝全长37～49厘米，体重80～117克；4龄黄鳝全长48～55厘米，体重99～210克；5龄黄鳝全长55.5～65厘米，体重150～280克；6龄黄鳝全长65～70厘米，体重275～373克；7龄黄鳝全长86厘米左右，体重542克左右。

自然栖息的黄鳝生长速度与环境中饵料丰欠相关，一般生活于池塘、沟渠的黄鳝生长速度快一些，丰满度高，而栖息于田间的黄鳝则生长速度较慢。但从总体上来说，自然栖息的黄鳝生长速度较慢。2冬龄黄鳝一般体长30.3～40.0厘米，体重20～49克，年增重1～2倍。目前大部分黄鳝养殖均采用投喂鲜活饵料的方法，总体增重极低，以至于造成黄鳝生长速度缓慢的普遍错觉，但实际情况并非如此。在营造良好的养殖环境，有效地驯养和全价的饵料投喂情况下，20～30克的鳝苗经3～4个月的强化投喂一般增重可达5倍，养殖效果比较理想。

2. 生长与年龄的关系

黄鳝的生长与年龄密切相关，其生长指标和生长常数随着年龄的增长而有变化，不同年龄阶段，生长指标和生长常数不同，即黄鳝在 2 龄前生长较慢，3 龄后生长显著加快，4 龄生长最快，5 龄后相应减慢，往后逐步递减。

七、黄鳝的繁殖与发育特性

（一）黄鳝的性逆转

黄鳝不像其他动物那样终生属于一个性别，它是前半生为雌性后半生为雄性，其中间转变阶段叫雌雄间体，这种由雌到雄的转变叫性逆转现象。在达到性成熟的黄鳝群体中，较小的个体是雌性，较大的个体主要是雄性。一般情况是体长在 24 厘米以下的个体均为雌性；24～30 厘米的个体，雌性仍占 90％以上；30～36 厘米的个体，雌性占 60％左右；36～38 厘米的个体，雌性占 50％左右；38～42 厘米的个体，雄性占 90％左右；42 厘米以上个体几乎 100％为雄性。

雌雄间体的性腺组织实际上是一个动态过程，在这个生理变化过程中，有功能的雌性转变为有功能的雄性。黄鳝的幼体性腺逐步从原始生殖母细胞分化成卵母细胞，黄鳝从幼体进入成体，性腺发育成典型的具有卵母细胞和卵细胞的卵巢，以后又逐渐发展变成成熟卵，这就决定第一次进入性腺发育成熟的个体都是雌鳝。雌鳝产卵后，可以明显地发现性腺中的卵巢部分开始退化，起源于细胞索中的精巢组织开始发生，并逐步分枝和增大，即性腺向着雄性方向发展，这一阶段的黄鳝即处于雌雄间体状态。这以后卵巢完全退化消失，而精巢组织充分发育，并产生发育良好的精源细胞，直到形成成熟的精子，这时的黄鳝个体已转化为典型的雄性。

由于黄鳝具有性逆转的奇特生物现象，使人们对黄鳝的泌尿生殖系统倍加关注。吸引不少生物学专家对此"阴阳之变"进行研究探讨。几十年来虽然在形态结构、生理变化方面有所了解，但是性逆转的机制，何以雌雄同体"先阴后阳"等，仍然是个谜。

据周碧云等组织切片观察，仔鳝出膜 3 天，体长 1.35 厘米时，1 对生殖原基即开始出现，随后逐渐增大伸展。出膜后 30 日龄的稚鳝，平均体长 5～6 厘米时，生殖腺外膜合并形成纵隔，已有卵母细胞出现。幼鳝 60 日龄、体长 7 厘米左右时，合并的生殖腺变细，横切面似三角形，纵隔完全消失，卵母细胞为不规则形，有些处于分裂相。幼鳝 120 日龄、平均体长 13.5 厘米时，生殖腺为单一体，位于体腔左侧，右侧生殖腺已不存在，生殖腺外观为乳白色，卵母细胞大多为圆形或椭圆形，直径为 15～60 微米。黄鳝越冬后，平均体长 20 厘米时，即从幼体进入成体，生殖腺中的卵母细胞逐渐发育成成熟的卵，进入性成熟时期，称为雌性阶段。雌鳝产卵后性腺中卵母细胞部分开始退化，起源于细胞原基中的精巢组织开始发生并逐渐分枝、增大，性腺向雄性方向发展。这一阶段处于雌雄间体状态（其前半段为偏雌性阶段，后半段为偏雄性阶段）。雌雄间体的性腺组织实际上是一个动态过程，在这个生理变化过程中，有功能的雌性转变为有功能的雄性。其卵巢完全退化消失，而精巢组织充分发育，并产生发育良好的精源细胞，直到形成成熟的精子，这时候的黄鳝个体已转化为典型的雄性了。

黄鳝的生殖腺不对称，一般是左侧发达，右侧退化。繁殖季节卵巢发达，几乎可以充满整个腹腔，把肝等内脏器官向上挤到胸腔，透过腹壁，可以见到卵巢轮廓；黄鳝的怀卵量不大，绝对怀卵量 300～800 粒，个别可达 1000 粒；相对怀卵量为每克体重 6～8粒。卵为橙黄或浅黄色，比重比水大，无黏性，卵膜透明，内有油球，卵径 3.5～4.0 毫米。

（二）性腺发育分期和生殖周期

1. 卵巢的发育分期

Ⅰ期：卵巢为白色，透明，细长。肉眼看不见卵粒。在解剖镜下可见透明细小的卵母细胞，核大，胞质少，卵径 0.08～0.12 毫米。体长 6～8 厘米的黄鳝卵巢为Ⅰ期卵巢。其卵巢内充满了细小而透明的卵母细胞。

Ⅱ期：此期的卵巢比Ⅰ期稍粗，仍为白色、透明。肉眼仍看不见卵粒。在解剖镜下可见卵巢内充满透明细小的卵母细胞，卵径为 0.13～0.17 毫米，体长 15 厘米以下的黄鳝卵巢多为Ⅱ期卵巢。

Ⅲ期：卵巢变为淡黄色。肉眼可见到卵巢内有许多细小的卵粒。解剖镜下可清晰地见到圆形或不规则形状的卵母细胞中充满卵黄颗粒，卵径为 0.15～2.2 毫米。同时，卵巢内还存在少数Ⅰ、Ⅱ期的卵母细胞。一般处在Ⅲ期性腺的幼鳝全长为 15～26 厘米。

Ⅳ期：卵巢明显粗大，卵粒即卵母细胞也明显增大。其颜色由淡黄色转为橘黄色，解剖镜下观察能看到卵母细胞中充满卵黄颗粒，核已逐渐边移。卵径 2.2～3.4 毫米，此时的黄鳝全长为 10～30 厘米，有极少数可达 40 厘米以上。发育到Ⅳ期末的卵巢长占黄鳝体长的 44.6%～59.2%，平均为 53.2%。

Ⅴ期：卵巢粗大，其中充满了橘黄色圆形卵粒，卵径 3.3～3.7 毫米。卵母细胞内充满了排列致密的卵黄球，细胞核边移到卵的一端，卵粒在卵巢内已成游离状，此时卵已成熟。

Ⅵ期：成熟卵已排出，卵巢内尚有未成熟的卵粒，卵母细胞开始退化，卵黄颗粒胶液化，卵膜上产生皱褶、断裂，与滤泡区脱离，滤泡膜增厚。

2. 精巢的发育分期

Ⅰ期：精巢呈透明细线状，肉眼不能分辨雌雄，组织切片观察性腺有一对曲折的生殖褶，其中有一些精原细胞。由于黄鳝性逆转是由雌性变性而来，精原细胞一般在卵巢的生殖褶内形成。

Ⅱ期：组织切片观察，生殖褶内精原细胞增多并成团，形成精小叶，精小叶无腔，结缔组织明显，出现初级精母细胞。

Ⅲ期：精小叶增多增大，向生殖褶内填充，有小叶腔形成，但不明显，精小叶内以精原细胞和精母细胞为主，外观精巢已变粗。

Ⅳ期：组织切片观察，精小叶充满了整个生殖褶，生殖褶渐增大，精小叶内分别有由初级精母细胞、次级精母细胞和精子细胞形成的精小囊，囊内的细胞群处在同一发育阶段，小叶内仍有部分精原细胞。外观精巢较粗，呈乳白色。

Ⅴ期：组织切片观察，各精小叶的空腔扩大，充满成熟的精子，小叶壁主要由精子细胞及向精子变态的各阶段成分组成。肉眼可见精巢呈乳白色，轻压腹部，精子从生殖孔流出，此时精子已成熟。

Ⅵ期：精巢中大部分精子已排出，小叶腔中残留少量精子，小叶腔壁中有少数精原细胞和精母细胞。外观精巢呈透明带状，松散，含有少量精子。

3. 生殖周期

黄鳝生殖细胞的发育、成熟乃至产出等，都有严格的周期性，这种周期性是黄鳝在其种群发展过程中所固定下来的一种适应性。黄鳝一般1年就达到性成熟，第一次性成熟个体绝大多数为雌性。产卵之后，大部分即性逆转，第二年变为雄性个体，此后终生为雄性。

（三）怀卵量和成熟系数

1. 怀卵量

黄鳝的怀卵量一般为300～800粒，最多1000粒左右，最少20粒左右。黄鳝的怀卵量与其年龄、体长、体重及产地密切相关。例如，黄鳝个体体重对比分析，每克体重怀卵量为5～20粒，平均每克体重10.3粒。其体长20厘米，每尾怀卵量为180～250粒；体长30厘米，每尾怀卵量为220～300粒；体长40厘米，每尾怀卵量为350～500粒；体长50厘米，每尾怀卵量为550～1000粒；体长60厘米，每尾怀卵量为1000～1500粒。

2. 成熟时期

黄鳝的成熟时期随季节的变化而变化。卵巢的各个发育阶段大致情况如下：1～3月，卵巢发育到Ⅰ～Ⅲ期；4月下旬，发育到Ⅲ～Ⅳ期，成熟明显加快；5月中旬到7月底卵巢由Ⅳ期转入Ⅴ期，卵巢的重量迅速增加；6月达到最高峰。一般在长江流域，黄鳝的生殖季节是5～8月，繁殖盛期为6～7月；在珠江流域，其生殖季节为4～7月，繁殖盛期是5～6月；在黄河以北的水域，其生殖季节为6～9月，繁殖盛期是7～8月。

（四）繁殖习性

1. 繁殖季节及环境条件

黄鳝每年一般繁殖一次；也有产2次的：第一次产卵后约2个

月后产第二次卵。其产卵周期比较长。1 龄性成熟，长江以南繁殖季节为 4～10 月，繁殖盛期在 6～8 月。但随气温的高低变化而提前或推迟。产卵之前，亲鳝先钻洞，称为繁殖洞。繁殖洞与居住洞的区别是，繁殖洞一般在堤埂边，洞口大多开在堤埂边的隐蔽处，洞口下部约 2/3 浸没于水中。繁殖洞分前洞和后洞，前洞用来产卵，后洞较细长，进洞口约 10 厘米处较为宽阔，洞的上下距离约 5 厘米，左右距离约 10 厘米。

2、雌雄鳝的鉴别

如前述，55 厘米以上的黄鳝基本上为雄性；22 厘米以下的黄鳝全为雌性。除了根据体长来鉴定黄鳝的性别外，还可依据其他特征进行雌雄鉴别。

一般雌性黄鳝性情温顺。其头部细小不隆起，体背青褐色，无色斑，或微显 3 条平行褐色素斑。体侧颜色向腹部逐渐变浅，褐色斑点色素细密且分布均匀，腹部浅黄色或淡青色。雌性腹壁较薄；在繁殖季节，手握雌鳝，可看到肛门前端膨胀，稍显透明，现出腹腔内一条 7～10 厘米长的橘红色或黄色的卵巢。同时，可显现卵巢前端紫色脾脏，这是鉴别雌性黄鳝的主要特征。

雄性黄鳝喜蹦跳，且挣扎有力。其头部稍大而隆起，体背部一般由褐色斑点组成 3 条平行带，体两侧沿中线分别有一行色素带，其余色素斑点均匀分布如豹皮状。其腹部老黄色，较大个体呈橘红色。其腹壁较厚，不透明。手握雄鳝，腹部向上，膨胀不明显，不显现腹腔内任何组织。

3. 自然性比与配偶构成

根据周碧云等在上海采集的 344 尾黄鳝标本解剖发现，性比与年龄和季节有着密切的关系。黄鳝的雌雄之比：1 龄为 7.33∶1；2 龄为 3∶1；3 龄为 0.88∶1；4 龄为 0.34∶1；5～6 龄大多为雄性，雌性只占总数的 20%～30%。四川省资料显示，黄鳝生殖群体在整个生殖季节（7 月之前）雌性多于雄性，其中 2 月雌鳝占 91.3%。雌鳝产卵后，卵巢逐渐性逆转，到 8 月雌鳝就只有 38.3% 左右了。到 9～12 月幼鳝长大成熟时，雌、雄鳝约各占一半。由于秋冬季的捕捞，捕大留小，所以开春后仍是雌鳝占多数。

自然界中的黄鳝繁殖，多数属于子代与亲代的配对，也存在与前代雄鳝配对的可能性。但是，如果没有雄鳝存在时，同批雌鳝中就会有少部分提前性逆转，产生部分雄性与同批雌鳝繁殖后代。这也是黄鳝不同于其他鱼类的特点之一。

4. 自然产卵

产卵之前，雌雄亲鳝吐泡沫筑巢，然后雌鳝将卵产于巢上或洞顶掉下的草根上，雄鳝在卵上排精，卵在泡沫上孵化发育，这样，可提高受精率和孵化率。其原因，一是泡沫能保护受精卵，使之不易被敌害发现；二是因精子在水中的寿命不如泡沫巢中寿命长，因而可提高受精；三是使受精卵浮于水面，而水面含氧高，且能从空气中得到氧，水温也高，有利于提高孵化率。受精后的卵一般呈黄色或橘黄色，半透明，吸水后卵径一般为 2～4 毫米。

黄鳝亲鱼特别是雄鳝有护卵的习性。在天然水域中，雄鳝在泡沫巢上排精后，一般要守护到仔鳝出膜并等到鳝苗的卵黄囊消失为止。这时即使雄鳝受到惊吓也不远离。对于别的鱼或动物来犯，它会奋起抵抗。雌鳝一般产卵过后就会离开繁殖洞，个别的也会参与护卵、护仔。

5. 孵化

黄鳝的卵从受精到孵出仔鳝，如果水温处于 28～38℃，需时 5～7 天，水温 25℃ 左右需 9～11 天。最适孵化温度为 21～28℃。在自然环境下，黄鳝的受精率和孵化率为 95%～100%。

黄鳝的胚胎发育具有与一般鱼类（尤其是鲤科鱼类）不同的特点。

一是卵径大，卵黄多，胚胎发育时间长，一般需 5～11 天。出膜时个体大，对环境的耐受能力强。实验表明，在室内玻璃缸内，仔鳝不喂食也能活 2 个月。

二是同一尾黄鳝产的同一批卵，在相同的条件下孵化，仔鳝出膜的时间不一致，先后相差有 48 小时左右。

三是神经板出现在原肠早期动物极细胞，下包至卵的1/3～

1/2，这与鲤科鱼类明显不同，而与鳟鱼类似。

四是胸鳍在胚胎期形成，不断扇动，出膜后逐渐退化消失。黄鳝的系统演化过程说明，其祖先是有胸鳍的，只是由于长期适应穴居生活，胸鳍才逐渐退化消失而已。

五是出膜时的仔鳝体长随卵径大小而不同，一般为 1.2～2.0 厘米。江苏省兴化杨朱森等观察，刚出膜的仔鳝全长 1.5 厘米，鱼体透明，腹部有袋形的卵黄囊，心脏跳动急速，体弯曲呈弧形，平躺在水底。出膜 60 小时，长 2.3 厘米，卵黄囊侧面观如一条线，头部有一对胸鳍。出膜 216 小时，长 2.9 厘米，卵黄囊完全消失，游泳活泼。

第三章 黄鳝的营养需要及饲料

第一节 黄鳝饲料的种类

目前，国内人工养殖黄鳝使用的饲料主要可分为三大类：动物性鲜活饵料、动物性下脚料和人工配合饲料。天然昆虫也可作为黄鳝的饲料。

一、动物性鲜活饵料

主要有蚯蚓、蝇蛆、黄粉虫、螺、蚌、鲢鱼肉等。这类饵料蛋白质含量较高，转化率高，可能是更能刺激蛋白酶的分泌，使其活性较高，是黄鳝饲料的最佳选择。如果完全采自自然界，这类优质饵料远远不能满足饲养的需要。因此，动物性鲜活饵料需要进行人工繁养才能满足需要。

二、动物性下脚料

动物性下脚饲料是动物性鲜活饵料的补充性饲料，需要经过一定的加工，包含畜禽内脏、蚕蛹等。有将肠衣下脚料长期用于黄鳝饵料而获高产纪录的，也有将蚕蛹等多种下脚料烘干后磨粉制成饲料饲喂黄鳝的先例。但是要特别注意，黄鳝不食腐败饲料，所以动物下脚料一定不能腐败变质。

三、人工配合饲料

国内外市场上早有生产鳗鱼饲料、鳖饲料、家鱼饲料等具有较高转化率和较低饲料系数的人工配合饲料，但尚无用于黄鳝养殖的人工配合饲料。人工配合饲料可以很好地解决黄鳝养殖中的饲料问题，加快该产业的发展。

四、天然昆虫饵料

这类饵料可在夏季作为补充饲料，主要采取双灯引诱法和夜光盘引诱法收集。

第二节　黄鳝的营养需要

饲料的营养成分是反映饲料在动物体内转化率高低的评定标准，即在正常条件下，饲料转化率越高动物增重率越高，饲料系数越低，饲料的营养价值也就越高。

一、蛋白质及氨基酸的需要量

蛋白质是维持黄鳝正常生长、繁殖和生命活动所必需的营养物质和主要能源物质之一，在黄鳝营养上具有非常重要的功能和特殊地位，是其他营养素所无法替代的，必须由饲料供给。黄鳝蛋白质营养需求研究是开发其优质配合饲料需要解决的首要问题。研究表明，黄鳝对蛋白质的营养需求主要由蛋白质品质决定，同时受到黄鳝生长阶段、生理状况、养殖密度、养殖模式、水温、池塘中天然食物的多少、日投饵量、饲料中非蛋白质能量的数量等因素的影响。迄今，有关黄鳝蛋白质营养需求已开展了一系列研究，并取得了具有应用价值的成果。在饲料蛋白质含量适宜的条件下，黄鳝能够对蛋白质加以充分利用，但若饲料中蛋白质含量低于或超过适宜范围，都会影响其对蛋白质的利用率，从而限制黄鳝的生长。当饲料中蛋白质含量不足时，首先是肠道黏膜及其消化腺体细胞更新受到影响，肝脏和胰脏不能维持正常结构和生理功能，引起消化功能障碍，降低饲料利用率。若长期不足，鱼类生长发育受阻，增重率下降，对环境的适应能力减弱，发病率和死亡率增高。当饲料中蛋白质含量过高时，不仅不经济，还会增加黄鳝的负担，造成蛋白质中毒，采食量降低，降低生长速度；同时，过量的氨氮被排入周围水体，造成水质恶化，使水体富营养化，也不利于黄鳝的生长。影响黄鳝生长的主要因素是蛋白质和总能。黄鳝在不同生长阶段对蛋白质需求量各异。有关黄鳝蛋白质营养需求研究较多，但不同的研究者得出的结论存在差异。实际配合饲料中蛋白质含量建议以40.5%～41.5%为佳，动、植物蛋白原料比例不低于（55～60）：（45～40）。随着黄鳝饲料中蛋白质水平的升高，雌鳝个体绝对繁殖力、产卵量、孵化率以及仔鱼增重和成活率显著升高。

传统养殖主要以鱼粉作为饲料蛋白源，但是世界鱼粉市场供需不平衡，鱼粉价格不断攀升，使养殖成本相应提高，制约了水产养殖业的发展。用植物性饲料组分替代鱼粉已经成为当前研究的热点，并成为日后配合饲料研发的趋势。植物性饲料主要有豆粕、菜籽粕、芝麻粕、花生粕、棉籽粕等。近年来，很多专家开始进行这些替代实验，以不同含量的肉骨粉或豆粕替代鱼粉，结果表明，黄鳝的生长速度随饲料中肉骨粉或豆粕添加量的增加而逐渐减慢：肉骨粉替代鱼粉量在22.5%以内，豆粕替代鱼粉量在15%以内，且黄鳝配合饲料中鱼粉含量不应低于30%，黄鳝增重率和蛋白质利用率下降得比较缓慢，对黄鳝的生长影响不大，但如果豆粕替代鱼粉的量超过15%，增重率和蛋白质利用率则迅速下降。

黄鳝对蛋白质利用率的高低取决于蛋白质中各种氨基酸的比例。黄鳝需要异亮氨酸、亮氨酸、赖氨酸、蛋氨酸、苏氨酸、苯丙氨酸、精氨酸、组氨酸等必需氨基酸。目前有关黄鳝的氨基酸营养需求研究较少，采用肌肉氨基酸组成和含量分析，可以为黄鳝配合饲料中氨基酸的组成和含量确定提供科学指导。分析黄鳝肌肉中氨

黄鳝养殖关键技术精解

基酸的组成结果表明，黄鳝肌肉中必需氨基酸的含量占氨基酸总量的 40.98%，黄鳝肌肉氨基酸总量的平均值为 85.29%，变异系数为 1.07%，其中谷氨酸含量最高，在黄鳝肌肉中的平均含量为 14.46%，占氨基酸总量的 16.95%，胱氨酸含量最低为 0.6%。通过反相高效液相色谱法测定黄鳝血清和体表黏液蛋白的氨基酸种类和含量，将二者的氨基酸组成变化进行比较，结果表明，二者都含有 17 种氨基酸，血清的氨基酸总量为 397.11 毫克(100 毫升)，体表黏液蛋白的氨基酸总量为 259.29 毫克(100 毫升)，血清与黏液蛋白中氨基酸含量差异最大的是蛋氨酸、半胱氨酸。氨基酸不仅是维持黄鳝正常生长、健康所必需的，而且具有良好的诱食性。黄鳝饲料中的精氨酸、丙氨酸添加量从 0.5% 增加到 10.0%，其对黄鳝摄食的影响从微弱抑制作用转为促进摄食，且促摄作用随着添加量的增加而增强，这表明此类氨基酸的添加量对黄鳝的诱食作用效果起决定作用，然而同一添加量的不同氨基酸对黄鳝的促摄作用不同，如饵料中添加 1.0% 的苯丙氨酸，对黄鳝有强烈的促摄作用，而相同添加量的精氨酸和丙氨酸则表现一定的抑制作用。用不同种的氨基酸组合、氨基酸和香味物质组合进行引诱黄鳝摄食试验，在添加量均为 1.0% 时，甘氨酸＋丙氨酸、丙氨酸＋精氨酸表现显著的促摄作用，而单独使用效果不明显。在对幼鳝进行诱食时，可用猪肝代替蚯蚓，效果良好。

二、脂肪的需要量

脂肪是鱼类生长所必需的营养物质，鱼类对脂肪利用率较高，加之鱼类对碳水化合物利用率较低，因此，脂肪就成为鱼类的重要能量来源。饲料中的脂肪含量适宜，黄鳝就能充分利用；饲料中脂肪含量不足或缺乏，黄鳝摄取的饲料中蛋白质就会有一部分作为能量被消耗掉，饲料蛋白利用率下降；同时还可发生脂溶性维生素和必需脂肪酸缺乏症，从而影响生长，造成蛋白质浪费和饵料系数升高。饲料中脂肪含量过高时，虽短时间内可以促进黄鳝的生长，降低饲料系数，但长期摄食高脂肪饲料会使黄鳝产生代谢系统功能紊乱，增加体内脂肪含量，导致鱼体脂肪沉积过多，内脏尤其是肝脏脂肪过度聚集，产生脂肪肝，进而影响蛋白质的消化吸收并导致机体抗病力下降。此外，饲料脂肪含量过高也不利于饲料的储藏和成型加工，因此，只有使用脂肪和蛋白质含量均适宜的饲料才能实现黄鳝养殖的最佳效果。

研究表明，影响黄鳝饲料中脂肪营养需求的主要因素有鱼体大小、黄鳝的生理状态、脂肪源、饲料组成（特别是蛋白质：脂肪：碳水化合物的值）、水温和水体中饵料生物的种类与含量、摄食时间等。体重为 50～70 克的黄鳝饲料蛋白质含量为 35.7％时，其脂肪适宜需求量为 3％～5％；黄鳝的最适合脂肪是鱼油，其次为大豆油和玉米油。鱼油等脂肪相对蛋白质而言价格较低廉，在不影响黄鳝生长的情况下，可以适当提高脂肪含量来降低成本。

脂肪酸极易变质，脂肪酸氧化后产生一定的毒性，因此，含有油脂的饲料应经塑料袋密封后，放于阴暗凉爽处。

三、碳水化合物

碳水化合物也称糖类，是生物界三大基础物质之一，也是自然界含量最丰富、分布极广的有机物。它是一类重要的营养素，在鱼类机体中具有重要的生理功能，是鱼类的脑、鳃组织和红细胞等必需的代谢供能底物之一，与鱼体维持正常的生理功能和存活能力密切相关。鱼类主要以蛋白质和脂肪作为能量来源，对糖的利用能力较低，饲料中糖水平超过一定限度会引发鱼类抗病力低、生长缓慢、死亡率高等现象，因而鱼类被认为具有先天性的"糖尿病体质"。鱼类营养学研究领域的一个重要课题是如何提高其对饲料碳水化合物的利用。鱼类配合饲料中添加一定量的碳水化合物，充分发挥其供能功能，降低蛋白质作为能量消耗，增加脂肪的积累，不但可以缓解目前水产配合饲料行业对鱼粉的过分依赖，减轻氮排泄对养殖水体的污染，还可以降低饲料成本，且有助于配合饲料的制粒。鱼类对不同来源和种类的碳水化合物利用率各异。鱼类对单、双糖的消化率较高，淀粉次之，纤维素最差，有不少鱼类不能利用纤维素。饲料中碳水化合物含量过高，对鱼类的生长和健康不利。

有关黄鳝饲料适宜碳水化合物营养需求的研究较少。体重为 50～70 克的黄鳝饲料最适能量蛋白比为 31.6～38.9 时，其饲料中碳水化合物适宜需求量为 24％～33％。

四、维生素

维生素是鱼类机体营养素代谢重要的调节和控制因子，是一类含量微小作用却极大的微量营养素，对维持黄鳝的正常生长、健康和繁殖是必需的。黄鳝体内几乎不能合成任何维生素，必须从食物中摄取。黄鳝所需的维生素主要是维生素 A、维生素 D、维生素 E 和维生素 K 等脂溶性维生素，以及 B 族维生素和维生素 C 等水溶性维生素等。研究表明，黄鳝对饲料中维生素的需要量受个体大小、生长阶段、生理状态、水质状况、饵料生物和养殖模式等因素的影响，维生素缺乏时，除导致鱼厌食、新陈代谢受阻、鱼体增重减慢、鱼的抗病力下降外，还会出现一系列缺乏症。

1. 维生素 A

维生素 A 是不可能在动物体内合成的，必须从饲料中得以供给，且只能由动物性饲料中提供，如：鱼粉、鱼肝含量极丰富。植物饲料中，不直接含有维生素 A，但如植物中含有胡萝卜素，动物可通过消化胡萝卜素的过程将胡萝卜素转化为维生素 A。

维生素 A 有维持动物上皮细胞健康的作用。维生素 A 缺乏时，上皮细胞可发生角质化，黄鳝也患维生素 A 缺乏症，其表现形式多数为尾端的角质化坏死。

2. 维生素 D

维生素 D 能促进动物体内钙、磷的吸收，直接关系到动物骨骼的发育。维生素 D 缺乏时，动物会发生佝偻病、溶骨症、骨骼钙化不全等病症。喜欢晒太阳的动物一般不会发生维生素 D 缺乏，而黄鳝生性畏光，不可能由日光的作用带给它维生素 D，易发生骨骼弯曲的病症。在市场上常可发现身体折叠式弯曲的畸形黄鳝，就是患了维生素 D 缺乏症。这就要求所配黄鳝饲料中，务必补充维生素 D。

3. 维生素 E

维生素 E 是一种极有效的抗氧化剂，可保护不饱和脂肪酸、高度不饱和脂肪酸和维生素 A、维生素 D、叶黄素、胡萝卜素等。它是保证黄鳝正常生殖、促进性功能发育的必需营养素。维生素 E 同硒与胱氨酸的共同作用，可预防肌肉营养不良所带来的表皮渗透失衡。人工配合饲料中的抗氧化剂也可选用维生素 E。对于黄鳝来说，维生素 E 是具有多种功效的。

4. 维生素 K

在高密度养殖池的泥面上，有时会发现一滩鲜红的血迹，这是黄鳝在受伤后大量出血所致。一般来说，作为变温动物的黄鳝是不可能大量出血的，因为变温动物具有凝血时间很短暂的特性。但是在高密度养殖状态下，饲料中长期缺乏维生素 K，凝血酶原的合成受到抑制，即血液失去凝固特性，机体一旦受伤，即引起大出血现象，甚至在肠道、腹腔等脏器内也会发生大出血，例如毛细线虫在穿过黄鳝肠道进入腹腔时，就产生大出血。维生素 K 是促进凝血酶原合成的促进剂。试验证明，在因大出血而死亡的成鳝池中，加喂维生素 K，2 天后就再不见血滩和死鳝了。

5. B 族维生素

B 族维生素可谓一个大家族，对于黄鳝在生理功能上的需求与缺乏症状有待进一步研究。现在仅就黄鳝的维生素 B_1、维生素 B_2 缺乏症简介如下：维生素 B_1（硫胺素）和维生素 B_2（核黄素）缺乏症状基本相同，即黄鳝身体不全部进洞，有留头胸于洞外的，也有留腹尾于洞外的，还有根本不进洞的，这类黄鳝与患毛细线虫病的病鳝极相似，头大、颈细、消瘦，发育不良，表现出洞不愿游动，头尾颤抖，有时头颈挺直作划圈转动，食欲几乎丧失。解剖结果、无毛细虫病，无炎症，无肠道等脏器萎缩，心室结构功能正常。分别以核黄素和硫胺素加酵母拌蚯蚓饲喂，早期病则 5 天即有明显好转，但中晚期病鳝均相继死亡。

五、矿物质

作为添加剂的矿物质实际上是以无机盐的形式存在的。它是动物机体组织及细胞、骨骼的重要组成部分，也是维持和促进生命活动的必需物质。无机盐在动物体液内作为离子存在，与体液渗透压的动态平衡和 pH 值的调节具有直接关系，即无机盐与动物机体的构成成分是一种有机结合，故无机盐在动物机体的生化作用具有重大意义。

黄鳝所需要的元素，有常量元素和微量元素两类，常量元素，如碱性元素钾、钠、钙、镁和酸性元素硫、氯、磷；微量元素铁、铜、铬、锰、锌、钼、硒、碘。

虽然黄鳝所需矿物质是微量的，仅在千万分之一至百万分之一，但在反复性高密度养殖载体的条件下，务必人为予以补充，这是因为有限的载体在反复多年的养殖中，完全可将载体本身的矿物营养元素耗尽，更何况很多地区泥土中所含矿物质的成分及其含量并不可能全尽如人意，甚至还有不少空白点。不少养殖者在这一问题上得到过教训，且多以彻底换土加以解决，这是极不合算的。这也足以证明，矿物质在黄鳝生理功能方面起到不可忽视的重要作用。

1. 钙、磷

钙、磷是动物机体所需矿物营养中比重最大的成分，也是最重要的成分，其中有99％的钙和80％的磷用于构成动物骨骼。它们均以化合物的形式存在，而且钙、磷之间是按较严格的比例互相结合的。如果钙、磷之间的比例失调，将导致其利用受阻，并影响到其他元素的作用。其直观病变主要是黄鳝骨质软化，体态瘫软，游动困难。由于野生状态的黄鳝密度低，较易获得钙、磷营养素，故很难发现骨质不钙化的现象，国内外也无这方面的记载。根据一般鱼类对钙、磷的比例要求进行摸索试验，配合饲料中的磷含量达0.99％、钙含量达0.35％才可满足黄鳝的需求，其来源主要为骨粉、鱼粉、磷矿石、钙矿石等。其中，以自制猪骨粉和鱼头粉最佳。这两种自制粉，任意使用一种即可满足所需，而且可使黄鳝的增重提高 6.0%。

2. 钾、钠、氯

钾、钠、氯是动物生化、生理平衡的必需元素，主要存在于动物的软组织和体液中，直接维护和调节体液渗透压及体液容量的平衡。

要达到理想的催肥要求，热能及糖、蛋白质、脂肪、矿物质等营养物质在黄鳝体内显出营养平衡的合理分配，务必对体液（包括血液、胃液、胆液、胸液等）、水分、电解质的酸碱平衡状态进行评估，为补酸或补碱的选定剂量提供较精确的数据，以达到综合反应过程小的全生理动态平衡。这一平衡的主导因素就是钾、钠、氯的平衡。钠和氯离子维持着生命功能，而且以其浓度和正离子的穿透能力及输送功能来"调运"体液、水分，以维持渗透压、水分、电解质平衡。改变其一，则会引起细胞功能紊乱和水的分布障碍，最终导致神经能障碍，随即产生脱水，丧失表皮体液代谢功能而死亡。

总之，无机盐的作用是不可忽视的。一般说来，凡是高等动物所必需的矿物元素，对黄鳝也是必需的，只不过有些无机盐对黄鳝机体的作用机制有待进一步研究。

第三节 人工配合饲料

黄鳝是以动物饵料为主进行高蛋白质转化的养殖品种。黄鳝与其他人工养殖动物一样，具有营养消耗的正常范围，否则将造成饲料的浪费和黄鳝生长迟缓，也就谈不上饲料的效价了。

一、饲料配方中的原料种类

1. 谷物类

一般被称为能量饲料。干物质中粗蛋白质含量低于 20%、粗纤维低于 18%、无氮浸出物大于 60% 以上的饲料属于能量饲料。

这类原料有米、麦、高粱、玉米、黍子等。其特点如下。

（1）高能量、低蛋白质　每千克含代谢能12.55兆焦以上，蛋白质含量在10%左右，作为变温动物对代谢能的需要是足够的，但蛋白质远远不够，在黄鳝饲料中只是在作为黏合剂时，才被采用。

（2）低氨基酸、低维生素、低矿物质　有少量的赖氨酸和色氨酸，其他氨基酸几乎没有。含有少量硫胺素，其他的维生素几乎为零。矿物质仅有少量的钙。

（3）马铃薯中的营养素　严格地讲，马铃薯不是谷物，但现代科学研究发现，马铃薯具有17.5%～24.3%易消化的营养素。将这种营养素配入黄鳝饲料或是直接用于饲喂仔鳝，具有极好的饲料效益，且加工简单，储存期长。

2. 饼粕类

常被称为植物性蛋白质饲料，粗蛋白质含量高，一般在30%以上。饼粕是油脂工业制油后的副产品。凡油脂原料，如大豆、花生等，经脱壳、粉碎蒸熟、压榨脱油后所得到的副产品称为饼；经脱壳、加热压扁成薄片，用溶剂己烷浸出油后所余下的副产品称为粕。饼的含油量为5%～6%，粕的含油量在1%以下，饼的蛋白质含量低于粕，但都属于高蛋白质原料，只是饼经过高温处理后，其蛋白质的利用率相对降低。饼、粕都是黄鳝的上等饲料。

（1）豆饼、豆粕　大豆饼、粕的蛋白质和氨基酸的含量是所有饼、粕中最高的，对弥补大多数饲料中赖氨酸不足起到了极好的平衡作用。豆饼含蛋白质40%～46%（平均42%），含赖氨酸2.6%～2.7%，蛋氨酸0.6%；豆粕含蛋白质44%～50%，赖氨酸2.8%～2.9%，蛋氨酸0.65%。显然，用豆饼、豆粕调节饲料中赖氨酸的含量是最简便不过的，但由于豆粕生产过程中的加热温度不如豆饼高，大豆中所含红细胞凝集素、胰蛋白酶抑制素和皂角素三种有害物质大量残留于豆粕之中，故使用时需要蒸气加热处理后才安全。这也是为什么生大豆制品不能做饲料的原因所在。在黄鳝饲料中，豆饼、豆粕主要是用作蛋白质的补充、赖氨酸的平衡和脂肪的补充。

（2）花生饼　花生饼是一种重要的蛋白质补充源，蛋白质含量高达45%左右，且纤维素含量低，不含毒素，并含赖氨酸1.55%，蛋氨酸0.4%。如果花生收获时处理不好，易霉变后产生黄曲霉毒素。该毒素对禽畜鱼乃至对人都极有害，应引起注意。

（3）芝麻饼　芝麻饼也是一种高蛋白的饲料来源，蛋白质含量高达40%左右，赖氨酸含量1.37%，蛋氨酸含量1.45%，是所有饼类中含蛋氨酸最高的一种。如果与豆饼、花生饼一同配用，将给氨基酸的平衡起到很好的作用。另外，棉籽饼、菜籽饼、葵花籽饼均因蛋白质含量较低或有一定毒性物质，不宜采用。

（4）棉粕　棉籽饼、粕是棉籽榨油后的副产物。压榨取油后的称饼，预榨浸提或直接浸提后的称粕。

棉籽饼、粕的营养价值相差非常大，简直是天壤之别。不同取油方法决定两者的营养价值：由于饼、粕中脂肪含量不同，致使粗蛋白质含量有一定的差异。一般来讲，饼的脂肪含量高，有效能值高，粗蛋白质含量较低；粕中脂肪含量低，有效能值低，粗蛋白质含量较高。潘望城等（2013年）发现相比于豆粕和菜粕，在饲料中添加适量的棉粕，可以在一定程度上延缓黄鳝的性逆转。

3. 动物性蛋白饲料

在动物机体中，蛋白质占有机物质总量的65%以上；同植物性蛋白相比，其各种氨基酸的含量与养殖动物的氨基酸模式最为接近，维生素A、B族维生素、维生素D类都较丰富，钙、磷含量及比例均较适中，故是最好的饲料源。这类原料有鱼粉、血粉、肉骨粉、蚕蛹粉、蚯蚓粉、螺蛳、蝇蛆、动物下脚料等及其上述部分活体。其主要特性如下。

（1）鱼粉　以秘鲁鱼粉质量最佳，该鱼粉主要以整条鱼生产而成，各种营养素极为丰富，适口性强；由于由整条鱼制成，制品中约有20%的鱼骨，这些鱼骨含钙量在6%左右，含磷量在3%左右，且均属有机磷，故利用率极高。在黄鳝饲料中，用量可由高至低进行递减性配入，即诱食期可多配入，吃食正常后酌减，并补进价格较低的蛋白原料，如国产鱼粉、自制鱼粉、蚕蛹粉、豆饼粉。

（2）肉骨粉　肉骨粉多属检疫不合格屠宰牲畜、禽、兽经高压高温消毒、烘干后细磨而成。因其骨骼含量的多少而不同，肉骨粉的蛋白质含量也不一样，现有含量为45％、50％、55％等多种规格。钙含量有10％、9％、7％三种规格；磷含量有5.9％、4.7％、3.8％三种规格。很明显，钙含量高时，磷含量则低。肉骨粉的营养价值略低于鱼粉，但高于豆饼；适口性也较好。

（3）血粉　它是屠宰副产品，最大特点是蛋白质含量特别高，为80％～90％，其不足之处有两点：其一，由于加工干燥时热量较高，使得其中绝大部分赖氨酸的ε-氨基消失，降低了赖氨酸的利用率；其二，血粉的适口性较差，对于一般恒温动物而言，用量常常被限制在5％以内，但对于主要以嗅觉来觅食的黄鳝，其饲料中的配入量可增至10％左右。在饲料配方中，高蛋白血粉是补充配方中蛋白质差额余量的最佳原料。

（4）蚕蛹粉　蚕蛹粉是丝绸厂副产品，蛋白质含量达65％，蛋氨酸、赖氨酸含量也较高，是一种上等的动物蛋白饲料。现在有不少养殖者大胆发展以桑养蚕、以蛹养鱼的低投入高效益模式。使用蚕蛹养鳝，对蚕蛹必须先进行脱脂处理，再烘干磨细，同时必须注意防霉变质。

（5）蚯蚓粉　蚯蚓粉是蚯蚓经灭菌、烘干后磨成，是黄鳝饲料配方中的最佳品。蚯蚓粉除了本身质量好、易养价廉之外，还是最好的黄鳝诱食剂。

除上述的动物蛋白原料之外，还有蝇蛆粉、鲜螺粉、羽毛粉等，均可因地制宜地试用。

二、黄鳝饲料添加剂

目前在全价配合饲料中，添加剂是很重要的组成部分，也是饲料配方科学化的重要标志。添加剂的范围较广，种类也很多，凡是用于补充和满足动物机体生化反应与生理作用达到较完美平衡的微量元素及常量物质均称为添加剂，包括限制性氨基酸、维生素、无机盐、脂肪酸、抗生素、激素、防霉剂、防病剂、抗氧化剂、诱食剂、黏合剂、防腐剂和软化剂等。不同的饲料添加剂对黄鳝生长、营养、繁殖和免疫等方面均有不同影响。

在每千克黄鳝饲料中添加 150 毫克二氢吡啶，饲喂亲雌鳝 40 天，结果表明，试验组的性成熟系数、绝对怀卵量、孵化率明显高于对照组，绝对怀卵量提高 13.24%，孵化率提高 20.64%，卵巢、肝脏以及肌肉各组织中超氧化物歧化酶（SOD）活性和丙二醛（MDA）含量显著降低；在饲料中添加维生素 E，能有效地改善雌鳝的繁殖性能，其最适添加量为 200 毫克/千克；当饲料中甜菜碱添加量达到 1.15～2.10 克/100 克时，黄鳝生长率最高，饲料系数最低，肝脏脂肪含量较少，与用动物性饵料养殖的效果基本接近；用添加 100 毫克/千克免疫多糖（酵母细胞壁）的饲料投喂黄鳝，不仅可以提高黄鳝对嗜水气单胞菌脂多糖的免疫应答水平，也可以增强黄鳝的非特异性免疫力和抵抗嗜水气单胞菌人工感染的能力，同时证明了在饲料中添加免疫多糖（酵母细胞壁）对黄鳝的生长速度和肝脏功能均无不良影响；茯苓、五加皮、黄芪可使黄鳝血液白细胞的吞噬活性、血清的溶菌酶活性和超氧化物歧化酶活性显著提高，同时，五加皮、黄芪、茯苓及这三种中药的混合物均对黄鳝增重有显著的促进作用，其中五加皮对黄鳝的增重最为明显。

根据以上研究表明，合适的饲料添加剂及剂量对黄鳝的繁殖、生长和发育是有帮助的。

1. 无机盐

即前面讲过的矿物原料，黄鳝所需无机盐与一般鱼类一样，可分为常量元素和微量元素两类。常量元素包括钙、磷、氯、钠、钾、镁；微量元素包括铜、铁、锰、锌、碘、钴、硒和铝。能补充钙与磷的原料有碳酸钙、石灰石粉、蛋壳粉、牡壳粉、骨粉、磷酸钙、磷酸氢钙、过磷酸钙、磷酸、磷酸钠、钾盐等。黄鳝摄取矿物质的能力很强。试验证明：有泥饲养与无泥饲养对比，有泥饲养黄鳝未发现严重矿物质缺乏症，患病率仅为 4.7%，但无泥清水饲养中患病率达 31.9％，在加喂复合矿物元素以后 3 周，患病率降到 23％。显然，黄鳝在泥中有自我摄取矿物质的能力。在无泥饲养中，只要加强补充矿物质营养，同样可解决矿物质缺乏的问题。黄鳝较一般鱼类所需矿物质营养要多一些，测试结果如下。每千克饲料中加入量：钙 3.5 克，磷 9.9 克，镁 45 毫克，锌 70 毫克，铜 3.4 毫克，锰 16 毫克，钴 0.89 毫克，硒 0.78 毫克，碘 0.7 毫克。其中，饲料中磷含量为 1.10％，可满足黄鳝对磷最大的组织储存需要以及最佳的生长效果（何志刚，2014 年）。食盐是补充钠与氯的原料，含钠 39.3％、氯 60.7％，一般食盐加入量 1.5％即可，不需要再加碘元素。人们常以硫酸亚铁、硫酸铜、硫酸锰、硫酸锌分别补充铁、铜、锰、锌元素，以碘化钾、碘酸钾补充碘，亚硒酸钠与硒酸钠用于补充硒，这说明矿物质元素均以化合物的形式提供。

2. 抗氧化剂

除了维生素 E 之外，还有 BHT（二丁基羟基甲苯）、BHA（丁基羟基苯甲醚），主要用于颗粒饲料和载体性饲料。

3. 激素

促黄体素释放激素类似物、绒毛膜促性腺激素主要用于人工催产，甲基睾丸酮、促蛋白合成甾类主要用于雄化、催肥等。

4. 防霉剂

有丙酸钠、脱氢醋酸钠。有时使用植物性杀菌剂和中药防治病害时，还需用苯甲酸之类的防腐剂。

5. 防病药物

一些符合鱼用药使用准则的药物，针对黄鳝常发的疾病进行预防，可直接用于饲料之中。

6. 黏合剂

有 α-淀粉、明胶、魔芋粉、琼脂、海藻胶、羧甲基纤维素、木质素磺酸盐等，主要用于颗粒或条状饲料的黏合和诱食剂的黏合。

7. 诱食剂

主要有蚯蚓粉、蚯蚓浆、螺蚌粉等，也有用臭蛋浆做诱食剂的。

8. 胆碱

主要为氯化胆碱。当饲料中缺乏胆碱时，人工养殖的黄鳝出现脂肪肝病变的概率明显上升。杨代勤等（2006年）发现，饲料中胆碱添加量在 0～2.0%，随着胆碱添加量的提高，黄鳝的生长速度会加快，饲料系数会逐步降低，肌肉、肝脏的脂肪含量及肝体指数降低，前肠、后肠和肝脏的蛋白酶、胰蛋白酶、淀粉酶和脂肪酶的活性均会相应提高，而且添加量在0.8%～1.0%时，这些变化显著。因此，黄鳝饲料中胆碱的适宜添加量为 0.8%～1.0%。

三、黄鳝配合饲料质量评价

配合饲料是推进"规模化、集约化、标准化和产业化"黄鳝养殖业的物质基础，其质量决定了黄鳝养殖效益和黄鳝产品质量与安全。配合饲料不仅要满足黄鳝的营养需求和摄食习性，实现其高效利用，更要达到对人类、黄鳝和环境的安全与友好，以推进黄鳝健康养殖的持续发展。目前我国已研发出了黄鳝系列配合饲料，并取得了良好的养殖效果，建立黄鳝配合饲料质量评价体系对指导优质黄鳝配合饲料的开发具有重要意义。

（一）黄鳝配合饲料的安全质量

饲料的安全性关系到黄鳝产品的安全，进而影响人类的食品安全。黄鳝配合饲料的安全质量评价应执行《饲料卫生标准》（GB13078—2017）和《无公害食品 渔用配合饲料安全限量》（NY5072—2002），依据农业部 1224 号公告（2009）《饲料和饲料添加剂安全使用规范》，结合企业实际建立完善的《卫生标准操作规范》（SSOP）管理体系，以规范和提高黄鳝配合饲料生产卫生管理水平。重点考虑以下几个方面：是否添加了违禁药物与添加剂；饲料原料中是否存在天然的有毒有害物质及其含量；是否含有有害微生物及其代谢产物（如黄曲霉毒素是否超标）；饲料中的铅、汞、无机砷、镉、铬等重金属含量超标，限量的营养素是否超过限制，如铜、锌、锰、碘、钴、硒等微量元素。

（二）黄鳝配合饲料的营养质量评价标准

评价黄鳝配合饲料营养质量的直观指标就是正常养殖生产条件下的养殖生产效果及其配合饲料养殖成本。饲料营养素要均衡充足，要达到营养素的平衡，首先就要对黄鳝的营养素需求量有一个全面和正确的了解。考察黄鳝配合饲料营养价值时，具体从如下几方面考察：配合饲料营养素含量是否达到黄鳝营养标准，是否能满足黄鳝各生长阶段的营养需求；是否能促进黄鳝的生理健康，是否有助于提高养殖黄鳝的免疫力、抗病力、抗应激力；饲料的诱食性和消化利用率如何；是否能满足各养殖模式、不同季节、地区养殖黄鳝的营养需求。

（三）黄鳝配合饲料的加工质量评价标准

从颗粒大小、色泽、切口和表面、浮水率等方面来评价黄鳝配合饲料的加工质量。优质的黄鳝配合饲料应该是颗粒均匀、色泽均匀、切口整齐、膨化适度、耐水时间适中（大于 2 小时）、软化时间合适（15～30 分钟）、含粉率低、浮水率高。一般来说，饲料颜色不均匀与熟化和烘干过程相关；长短不一的饲料颗粒除影响黄鳝饲料的整体外观外，还会导致饲料不能被黄鳝充分利用，造成浪费；外表毛糙不仅仅影响黄鳝饲料的外观，还会导致饲料粉料多，同时会影响饲料的浮水率。

（四）黄鳝配合饲料的质量控制

1. 优质原料

饲料原料的质量是黄鳝配合饲料品质的基础。只有合格的原料，方能生产出合格的饲料产品；有合格的饲料产品，才能有动物健康的物质基础，因此，各种原料应符合国家有关法律、法规及其相关标准的规定。筛选合适的原料应该考虑的基本要素为：原料营养价值及营养成分的稳定性、安全性、新鲜度，原料是否掺假，原料的加工特性，饲料配方效果，原料的价格性能比与市场供求的稳定性。

2. 科学配方

黄鳝饲料配方是研发其安全高效环境友好型配合饲料的关键。一个良好的黄鳝配合饲料配方，一方面能满足黄鳝消化生理的特点、营养需求，另一方面要充分考虑各种原料营养特性和加工工艺的要求。饲料配方应以黄鳝营养标准为理论依据，灵活运用黄鳝营养调控理论与技术，选择消化率高、适口性好、加工性能优良的饲料原料，编制营养平衡的系列饲料配方，以充分满足不同生长阶段、养殖模式、季节和地区黄鳝养殖的需求，提高饲料利用率，降低营养物质排出率，增进健康，预防疾病。

3. 精细加工

黄鳝体形小、消化道短（为体长的 $1/2 \sim 2/3$），口径小。为此，要制订科学的饲料加工工艺，实现黄鳝配合饲料的耐水性好、饲料中营养物质在水中的溶失率低、营养物质的利用率高、饲料系数低、营养物质的加工损失小等目标。一般黄鳝配合饲料加工工艺是根据黄鳝的消化生理特点制订，黄鳝配合饲料对原料粉碎的要求比较高，应采用超微粉碎工艺，稚鳝、幼鳝配合饲料原料95％通过100目筛，成鳝饲料95％通过80目筛；混合均匀度应从混合时间和混合均匀度综合考量，混合时间不宜过短或过长，混合均匀度要求小于5％；调质应从调质温度、水分添加量、蒸汽质量和调质时间等方面考虑，由于黄鳝对淀粉糊化度和耐水性要求高，需要有更强的调质措施，应对方法是在制粒后增加后熟化工序，即改变以往颗粒饲料制成后马上进入冷却器冷却，而是在制粒机与冷却器之间增加后熟化器，使颗粒饲料进一步保温完全熟化，可避免外熟内生现象，增加黄鳝饲料利用率及水中稳定性。

四、黄鳝的营养需要标准

黄鳝的营养需要标准见表3-1。

表 3-1 黄鳝的营养需要标准

成分	幼鳝	成鳝
代谢能/(千焦/千克)	1425	11715
蛋白质/克	48	43
钙/%	0.36	0.35
磷/%	0.99	0.90
食盐/%	1.1	1.5
蛋氨酸＋胱氨酸/%	2	2
赖氨酸/%	2.2	1.8
苏氨酸/%	1.6	1.4
精氨酸/%	1.5	1.0
异亮氨酸/%	1.5	1.3
亮氨酸/%	1.8	1.4
组氨酸/%	0.95	0.75
苯丙氨酸/%	2.0	1.7
色氨酸/%	0.5	0.3
缬氨酸/%	1.8	1.2
铁/毫克	180	140
铜/毫克	3.9	3.4
镁/毫克	50	45
锰/毫克	28	16
锌/毫克	70	60
钴/毫克	0.89	0.60
硒/毫克	0.78	0.50
碘/毫克	0.80	0.70
维生素 A_1/国际单位	4500	4500
维生素 D_3/国际单位	1000	1000
维生素 E/国际单位	40	40
维生素 K/毫克	10	10

成分	幼鳝	成鳝
维生素 C/毫克	25	20
维生素 B_1/毫克	28	20
维生素 B_2/毫克	80	80
维生素 B_6/毫克	40	35
泛酸/毫克	80	50
烟酸/毫克	120	100
生物素/毫克	0.2	0.2
叶酸/毫克	4	4
胆碱/毫克	500	500
肌醇/毫克	80	60
维生素 B_{12}/毫克	0.01	0.01

第四节　提高饲料综合效率的有关因素

　　黄鳝的饲料效率因各地区黄鳝品种的差异而大不一样。原因一，野生黄鳝长期处于饥饱不一的状态，经常性消耗本身能量及蛋白质等营养的时间多，且反复频繁，使黄鳝的基础代谢定量值变化不定，甚至食欲受抑，徘徊于萎缩→生长→萎缩之间，失去了稳定递增的"基础代谢定量值"。有时，所摄食物还来不及补足本身消耗的能量，便又处于饥饿状态了。尽管总耗饵量大，但由于这种不稳定性摄食导致其饲料转化率极低。具这种"惰性"的黄鳝养殖很难取得较好效益。这也是为什么野生鳝饵料系数高达 40 的主要原因。原因二，还有一种长期处于温暖地带的黄鳝，由于具有活动频繁、活动量大的特征，使其基础代谢值较高，如果投喂饲料中所含能量和蛋白质等只能平衡其基础代谢值，也达不到好的饲料转化率。

　　如果是经人工驯化或人工杂交的黄鳝，情况就迥然不同了。由于这类黄鳝长期处于一种"四定"的优越环境，基础代谢值稳定，且有全价营养给予满足，生理、生化皆处于一种平衡状态，故其代谢旺盛、饲料转化率高。

一、饲料与鳝肉质量的关系

由于人工养殖池的绝对限制和"四定"投饵方式，使黄鳝的活动时间及活动量大幅度减少，黄鳝的惰性形成，肌肉纤维发育受抑，肌肉中蛋白质胶原大减，经烹调后比野生鳝的回味短，味道也差。日本大学药学部高桥教授等通过实验，采用添加2.5%的杜仲叶粉于配合饲料之中进行饲喂，改善了蛋白质胶原不足的问题，恢复了鳝肉的本来风味。有学者在此基础上以进一步增加鳝体的血液循环、相对增加其肌肉等生理活动为目的，于饲料中添加了0.5%的绞股蓝粉和2%的蜜环菌粉，鳝肉的鲜味更进一步显示出来，同时黄鳝抗病力、增重率也有显著提高。这一方案对开发薯类等植物性饲料具有较大的潜力。

二、饲料形状与饲料效率的关系

黄鳝人工配合饲料的饵料系数一般在2.2～2.8，影响这一系数值的综合因素要大于其他鱼类，其中影响较大的是饲料的形状。试验表明：条状饲料的饵料系数较颗粒状饲料的饵料系数低10%以上。其原因一是颗粒状饵料分散性大、浪费大，二是黄鳝吃食慢，体力消耗大，饲料的有效利用率低。这一试验结果给条状饲料提出了下列要求。

1. 黏合性

条状饲料要求黏合性好，并具有一定的韧性，众鳝争食时，不易碎断。饲料加工时需考虑黏合剂性能，其中主要是抗折性和耐水性。

2. 适口性

条状饲料要求软而不稀。这一要求与所用的黏合剂的质量及其用量极其相关。一般可选用α-淀粉、面筋、羧甲基纤维素、海藻胶、明胶等。

3. 防霉性

所投饲料一旦有剩或落于泥埂，会污染鳝池，长此以往就会造成危害。饲料应有一定的防霉能力和抗氧化能力，以便人工清扫和泥鳅觅食。在饲料中加入少量防腐剂也是较好的措施。

第四章　黄鳝的健康养殖模式的建立

环境污染和资源消耗是当今人类面临的严重危机与严峻挑战。随着经济全球化和我国经济持续发展，环境和资源两个问题日益引起世人的关注，受影响最深的是水资源和渔业环境。

就水产养殖而言，由于投入的增加、养殖面积的扩大和鱼产量的提高，还存在渔业环境的内污染问题。据调查，60％的精养池塘的水质有机耗氧超标；湖、库、河的渔业开发过度，自然生态环境恶化，危及自然资源的生存。目前，我国大多城郊良好的水源、水质难找，水质性缺水严重，并有向广袤的农村蔓延的趋势。原有的养殖基地难以正常运行，鱼病流行日趋严重，药物、化肥的大量使用，有害元素积累、超标，造成水产品的质量问题。

水产健康养殖就是要生产无公害高质量的水产品，以满足人们对健康水产品的需求。我国加入WTO后，水产品质量问题已成为制约渔业发展和市场竞争力的主要问题之一。

在"十三五"发展的总体要求下，渔业要在高起点上实现新发展，必须牢牢抓住转方式、调结构的主线，树立创新、协调、绿色、开放、共享的发展新理念，以提质增效、减量增收、绿色发展、富裕渔民为目标，主动加强供给侧结构性改革，扎实推进"四转变""四调优"，打好转方式调结构的"六场硬仗"，推动渔业实现转型升级（于康震，2016 年）。

经过 20 世纪 80 年代以来的科学研究和生产发展，水产健康养殖具有良好的理论与技术基础。在新理论上有水域生态学、生态经济学和系统工程学等多学科的结合、交叉、渗透，使之用于水产养殖生态工程；在新技术上有水环境自然净化和人工湿地净化技术，有育种的核移植技术、雌核发育技术、性别控制技术等；在新材料上，有营养全面、丰富的高质配合饲料，生物特异性、非特异性免疫增强剂等；在新方法上，有微机自动控制水质检测与调控方法、水质无害化处理方法和有益微生物增殖方法等。在政策上，完善环保法律法规，健全全国渔业生态环境监测网络体系，加大环保执法力度，鼓励养殖方式转型升级，严管严控，对违法行为实行环保"一票否决"制，依法"关停、整改"，并按照"谁开发谁保护、谁受益谁补偿、谁损害谁修复"的原则，实施渔业资源生态补偿。

根据以上政策、理论、技术、材料和方法，结合各地环境和养殖条件的具体情况，将水产养殖业与大农业结合，开展水产健康养殖，谋求经济效益、社会效益和生态效益的统一，谋求资源的合理利用和各级产品的合理转化，不但产品是无公害的、安全的，而且不会对养殖水体内外环境造成公害。水产健康养殖方式是环境友好型、资源节约型和物质循环型的养殖方式，是我国水产养殖业的发展方向，也应是世界水产养殖业的发展方向。

第一节　黄鳝健康养殖

黄鳝健康养殖，也称黄鳝的无公害生产，其概念来源于水产品健康养殖，即应用新理论、新技术、新材料和新方法对传统养鱼及其发展和延伸，在继承精华的基础上，进行完善、改造和高度的集成升级。因此，所养殖的水产品，从养殖环境、养殖过程和产品质量均符合国家或国际有关标准和规范的要求，并经认证合格、获得认证证书，被允许使用无公害农产品标志。黄鳝健康养殖也必须符合相关标准。

一、黄鳝健康养殖的含义

我国水产养殖已有 2000 年以上的历史，目前水产养殖产量居世界首位，占全世界养殖总产量的 2/3。随着人民生活水平不断提高，我国经济进入国际大循环，进入新世纪，人们对环境保护意识空前加强，消费心理也已经从数量型转变为质量型，国际、国内对食品安全予以高度重视，不仅加强了对水产品药残的检测，而且以人为本，从人类健康出发，严格控制水产动物养殖中药物与饲料添加剂的使用，严格控制基因工程产品的安全性。所以，渔业经济发展的水平再也不能以产量高低作为衡量标准，更不能以牺牲环境、消源、危害人类自身健康为代价。当前渔业经济的发展已进入以质量效益、人类和环境和谐共存为方向的新时代，因而传统渔业受到了极大的挑战。人们开始探索新的养殖模式，研究新养殖技术、方法等来减轻养殖环境压力，维系水产养殖业的可持续发展。"健康养殖"这一概念被提出并付诸实施。黄鳝的健康养殖是无公害渔业的一个组成部分，只有明确无公害渔业的基本含义，才能正确地展开无公害黄鳝的养殖生产。

目前，由于养殖环境污染、药物滥用等，造成水产品中有害物质积累，对人类产生毒害，所以无公害渔业特别强调水产品中有毒有害物质残留检测。实际上，"无公害渔业"还应包括如下含义：①应是新理论、新技术、新材料、新方法在渔业上的高度集成；②应是多种行业的组合，除渔业外，还可能包括种植业、畜牧业、林业、草业、饵料生物培养业、渔产品加工、运输及相应的工业等；③应是经济、生态与社会效益并重，提倡在保护生态环境、保护人类健康的前提下发展渔业，从而达到生态效益与经济效益的统一，社会效益与经济效益的统一；④应是重视资源合理的利用和转化，各级产品的合理利用与转化增值，把无效损失降低到最小限度。

总之，"无公害渔业"应是一种健康渔业、安全渔业、可持续发展的渔业，也应是经济渔业、高效渔业。"无公害渔业"既是传统渔业的延续，更是近代渔业的发展。

二、黄鳝健康养殖基地的建立和管理

要进行无公害水产品生产，不仅应建立符合一系列规定的无公害水产品基地，而且要有相应的无公害生产基地的管理措施，只有这样，才能保障无公害生产顺利进行，生产技术和产品质量不断提高，其产品才能有依据地进入国内外市场。

无公害农副产品生产基地建立还刚刚开始，其管理方法也一定会随无公害生产科学技术的发展及市场要求而不断完善和提高。截至 2016 年，湖北省相继建成的集约化示范基地，万口网箱以上规模生产基地达到 25 个，年繁育鳝苗总量超过 1.5 亿尾。湖北省仙桃市郭河镇建华村建立"国家农业科技园区黄鳝繁养科技示范基地"的相关经验值得大家借鉴。下面将黄鳝健康养殖基地管理的一般要求列举如下，以供参考。

（1）黄鳝健康养殖基地必须符合国家关于无公害农产品生产条件的相关标准要求，使黄鳝在养殖过程中有害或有毒物质含量或残留量控制在安全允许范围内。

（2）黄鳝健康养殖基地是按照国家以及国家农业行业有关无公害食品水产养殖技术规范要求和规定建设的，应是具有一定规模和特色、技术含量和组织化程度高的水产品生产基地。

（3）黄鳝健康养殖基地的管理人员、技术人员和生产工人，按照工作性质不同，需要熟悉、掌握无公害生产的相关要求、生产技术以及有关科学技术的进展信息，使健康养殖基地生产水平获得不断发展和提高。

（4）黄鳝健康养殖基地建设应布局合理，做到生产基础设施、苗种繁育与上市的商品黄鳝等生产、质量安全管理、办公生活设施与健康养殖要求相适应。已建立的基地周围不得新建、改建、扩建有污染的项目。需要新建、改建、扩建的项目必须进行环境评价，严格控制外源性污染。

（5）黄鳝健康养殖基地应配备相应数量的专业技术人员，并建立水质、病害工作实验室和配备一定的仪器设备，对技术人员、操作人员、生产工人进行岗前培训和定期进修。

（6）黄鳝健康养殖基地必须按照国家、行业、省颁布的有关无公害水产品标准组织生产，并建立相应的管理机构及规章制度，如饲料、肥料、水质、防疫检疫、病害防治和药物使用管理、水产品质量检验检测等制度。

（7）建立生产档案管理制度，对放养、饲料和肥料使用、水质监测与调控、防疫、检疫、病害防治、药物使用、基地产品自检及产品装运销售等方面进行记录，保证产品的可追溯性。

（8）建立无公害水产品的申报与认定制度。例如，由申请单位或个人提出无公害水产品生产基地的申请，同时提交关于基地建设的综合材料；基地周边地区地形图、结构图、基地规划布局平面图；有关资质部门出具的基地环境综合评估分析报告；有资质部门出具的水产品安全质量检测报告及相关技术管理部门的初审意见。通过专门部门组织专家检查、审核、认定，最后颁发证书。

（9）建立监督管理制度。实施平时的抽检和定期的资格认定复核及审核工作。规定信誉评比、警告、责令整改直至取消资格的一系列有效可行的制度。

（10）申请主体名称更改、法人变更均须重新认定。

虽然健康养殖生产基地的建立和管理要求比较严格，但广大养殖户可根据这些要求，尽量在养殖过程中注意无公害化生产，使产品主要指标，如有毒有害物质残留量等，达到健康养殖的要求。

第二节　黄鳝健康养殖基地必备条件

一、黄鳝健康养殖基地环境的要求

黄鳝健康养殖环境包括所在地位置和水源、水质、底质。

养殖场地应是生态环境良好，没有或不直接受工业"三废"及农业、城镇生活、医疗废弃物污染的水域和地域；养殖地区域内及上风向、养殖用水源上游，没有对场地环境构成威胁的污染源（包括工业"三废"、农业废弃物、医疗机构污水及废弃物、城市垃圾和生活污水等)。

1. 底质的要求

养殖场底质要求无工业废弃物和生活垃圾，无大型植物碎屑和动物尸体；底质为自然结构，无异色、异臭。

2. 水质要求及养殖废水处理

黄鳝从繁殖、成长到收获、死亡，整个一生都是在水中度过。一切有益或有害的影响，都必须经由水为介质。反映水质情况的因子主要有：水体透明度、水色、水温、溶解氧、pH值，氨、亚硝酸盐和硫化氢含量。

养殖用水要满足黄鳝多方面的需要，除了要有足够的水量之外，还要具备相应的水质条件，其中最重要的是：含适量的溶解盐类；溶氧丰富，几乎达到饱和；含适量植物营养物质和有机物质；不含毒物；pH值在7左右。我国渔业水质标准规定，一昼夜16小时以上溶氧量必须大于5毫克/升，其余任何时候不得低于3毫克/升。黄鳝的生长好坏和水中溶氧量呈正比，水中溶氧量高时，黄鳝摄食旺盛，黄鳝的耗氧量会受水中溶氧量、水温的影响，当水中溶氧量增加及温度升高时，黄鳝的耗氧量也随之增加，黄鳝的新陈代谢加快，有利于黄鳝的生长。

黄鳝养殖池氧气的来源：第一是空气经过水表层以渗透的方式溶入水中；第二是养殖池中的藻类或植物在白天进行光合作用而产生氧气；第三是以人工方式，如冲水、增氧机搅动水面以增加水体与空气接触面积，来提高水中的溶氧。

养殖后的废水，有机物含量高，其本身也是引起水域二次污染的主要因素之一。目前绝大部分都未经处理直接排放，造成二次污染。不达标的养殖用水和养殖后的废水必须进行处理。

养殖用水和废水处理的目的是用各种方法将污水中含有的污染物质分离出来，或将其转化为无害物质，从而使水质保持洁净。根据所采取的科学原理和方法不同，可分为物理法、化学法和生物法。

（1）养殖用水的物理处理　在养殖用水和废水中往往含有较多的悬浮物（如粪便、残饵等）或其他水生生物，为了净化或保护后续水处理设施的正常运转，降低其他设施的处理负荷，要将这些悬浮或浮游有机物尽可能用简单的物理方法除去。处理方法包括栅栏、筛网、沉淀、气浮和过滤等。

（2）养殖用水的化学处理　常用的方法是用生石灰进行水质、底质改良。底质常用生石灰以水即化即泼洒的方法；池水则以每亩（1 亩＝667 米^2）用 10～15 千克生石灰化水泼洒，能产生净化、消毒和改良的效果。

（3）养殖用水的生物处理　生物处理方法很多，在黄鳝养殖中一般可采用以下方法。

① 微生物净化剂。目前利用某些微生物将水体或底质沉淀物中的有机物、氨氮、亚硝态氮分解吸收，转化为有益或无害物质，而达到水质（底质）环境改良、净化的目的。这种微生物净化剂具有安全、可靠和高效率的特点。这一类微生物种类很多，通称有益细菌（简称"EM"菌）。在使用这些有益细菌时，应注意以下事项：严禁将它们与抗生素或消毒剂同时使用；为使水体中保持一定的浓度，最好在封闭式循环水体中应用，或施用后 3 天内不换水或减少换水量；为尽早形成生物膜，必须缩短潜伏期，故应提早使用；液体保存的有益细菌，其本身培养液中所含氨氮较高，也应提前使用。

② 水生植物种植法。水体中氮、磷和有毒有害物质转化的一个重要环节是由水生植物吸收利用氮、磷，对有毒物质也有很强的吸收、分解和净化能力。

养殖水质必须严格按照生产技术规范操作，建立水质监测制度，及时调控水质，处理废水，防止养殖生产的自身污染。

3. 环境的要求

环境污染会使养殖黄鳝的水体产生改变，致使水体缺氧、pH 值变化、有毒有害物质超标，所以对于无公害黄鳝养殖场周边、上风向及水源上游等应严格选择。

在无公害黄鳝养殖基地内应使用经发酵处理后的有机肥或利用畜禽粪便生产的商品有机肥，控制和减少使用无机肥，以避免基地土质、水质中的有害物质污染。

二、黄鳝健康养殖的营养需要及饲料要求

（一）健康养殖的营养需要

饲料是所有养殖业的基础，黄鳝养殖业也不例外。黄鳝健康养殖，其中很重要的一环是科学合理地使用饲料，这不仅能满足黄鳝不同阶段生长发育的需要，还能提高黄鳝的防病、抗病能力，而且可最大限度地保持黄鳝的原有风味，避免不良物质积累，充分利用各营养组分，节约饲料成本，减少污染。

当黄鳝养殖形成一定规模后，为保证饲料供应，最好采用人工配合饲料，以便达到保质、保量、稳定投喂。使用人工配合饲料，既方便，又经济。生产实践证明，使用配合饲料有其独特的好处：一是配合饲料营养全面且效价高，能满足黄鳝在不同生长发育阶段的营养需要。二是由于配合饲料是经高温消毒，长期使用可减少疾病发生，也会减少因饲料而引起的各种疾病。另外，配合饲料进行科学配方，能满足黄鳝对各种营养成分的需要，在加工时采取一定细度的粉碎，并根据需要添加防病、提高免疫水平及促进摄食的消化剂，能改善黄鳝的消化和营养状况，并增强抗逆能力。三是可根据不同地区的资源情况，利用营养成分较高又廉价的原料，按照黄鳝营养需求不断改进配比，并通过加工减少饲料中营养成分在水中的散失，从而提高利用率，降低饵料系数及其成本。四是配合饲料便于运输、储存、常年稳定供应和投喂，特别适合集约化养殖。五是配合饲料的投喂效果好，增重率比天然饲料高。

饲料的一般营养成分是评价饲料营养价值的基本指标，而饲料营养价值的高低，主要取决于饲料中营养物质的含量。为了科学合理地配制配合饲料，必须弄清饲料的营养物质及各种营养物质的功

能，以及不同鱼对这些营养物质的需求量。这些营养物质主要包括蛋白质、脂肪、碳水化合物、维生素和各种矿物质，这些营养组成既不能缺乏，又应科学配合，以达到不浪费资源、能源和最低废弃物排放的目的。这方面的知识请参看配合饲料相关书籍。

（二）黄鳝健康养殖的饲料要求

1. 配合饲料的安全卫生要求

配合饲料所用的原料应符合各类原料标准的规定，不得使用受潮、发霉、生虫、腐败变质及受到石油、农药、有害金属等污染的原料；皮革粉应经过脱铬、脱毒处理；大豆原料应经过破坏蛋白酶抑制因子的处理；鱼粉质量应符合 SC/T 3501—1996 的规定；鱼油质量应符合 SC/T 3502—2016 中二级精制鱼油的要求；使用药物添加剂种类及用量应符合农业部《允许作饲料药物添加剂的兽药品种及使用规定》中的规定。

配合饲料安全卫生指标，可遵照《无公害食品　渔用配合饲料安全限量》（NY 5072—2002）所规定的标准参照执行。

对于使用未经加工的动物性饲料，必须进行质量检查，合格之后方可使用。

鲜动植物饲料一般应经洗净之后再消毒，方可投喂。消毒处理可用含有效碘1%的碘液浸泡15分钟。

水产饲料中药物添加应符合 NY 5072—2002 要求，不得选用国家规定禁止使用的药物或添加剂，也不得在饲料中长期添加抗菌药物。

配合饲料不得使用装过化学药品、农药、煤炭、石灰及其他污染而未经清理干净的运输工具装运。在运输途中应防止曝晒、雨淋与破包。装卸过程中严禁用手钩搬运，应小心轻放。

配合饲料产品应储存在干燥、阴凉、通风的仓库内，防止受潮、鼠害、受有害物质污染和其他损害。产品堆放时，每垛不得超过20包，并按生产日期先后顺序堆放。

产品应标明保质期，在规定条件下储存，产品保质期限为3个月。

2. 商品黄鳝的安全卫生要求

养殖无公害商品黄鳝必须符合《无公害食品　水产品中有毒有害物质限量》（NY 5073—2006）要求。

三、黄鳝健康养殖药物使用要求

进行无公害黄鳝养殖，生产过程应坚持"全面预防、积极治疗"的方针，强调"以防为主、防重于治、防治结合"的原则。因此，在黄鳝养殖生产中应熟悉黄鳝营养需求和养殖生态生理学等知识，进行科学养殖；熟悉病害发生的原因及常见症状，做到预先防范，在生产的不同阶段适当使用药物进行防治，这样可有效降低或防止在水体交换、亲本和种苗流通等过程中病害的扩散，使初发病害得到及时治疗和控制。

许多药物犹如"双刃剑"，一方面具有有利作用，另一方面则有不利影响。如对养殖对象本身的毒害，可能产生二重感染、抗药性，对环境产生污染，通过水产动物积累对人体产生有害作用等。进行无公害养殖生产，应尽量减少用药；逐步以生物制剂替代化学药物，以生态养殖防病替代使用药物，进行良种选育和提高免疫力等。必须用药时，应严格遵照国家规定的渔用药物使用准则（NY 5071—2002）。

养殖过程中认真执行《无公害食品　水产品中渔药残留限量》（NY 5070—2002）要求、《无公害食品　渔用配合饲料安全限量》（NY 5072—2002）要求，并关心无公害水产品养殖技术和要求及其国内外有关药物使用的规定及其允许残留标准，不断发展和提高养殖防病技术。目前起码应做到以下几点。

① 药物使用应严格遵照国务院、农业部有关规定，严禁使用未取得生产许可证、批准文号、生产执行标准的渔药。

② 在水产动物病害防治中，推广使用高效、低毒、低残留渔药，尽量使用生物渔药、生物制品，严禁使用已明令禁用的渔用药物。

③ 病害发生时应对症用药，防止滥用渔药与盲目增大用药量或增加用药次数、延长用药时间。

④ 食用黄鳝上市前，应有休药期。休药期的长短应确保上市产品的药物残留量必须符合标准中规定的要求。

⑤ 水产饲料中药物的添加应符合规定，不得选用国家规定禁止使用的药物或添加剂，也不得在饲料中长期添加抗菌药物。

第五章　黄鳝的人工繁殖

　　黄鳝由于具有性逆转、怀卵量少、催产剂用量大、孵化时间长、出膜时间不整齐等特性，人工繁殖难度较大。同时，因为在自然水域中能够捕到大量的黄鳝苗种，尤其在夏秋季节能够捕到大量天然幼鳝，可以满足部分地区黄鳝养殖的苗种需求。因此，黄鳝人工繁殖起步较晚，掌握人工繁殖技术的人员较少。

　　随着黄鳝养殖业的发展和扩大，仅靠捕捉天然苗种已不能满足养鳝业发展的需求矛盾，进行人工繁殖是有效的解决途径。目前进行的黄鳝的人工繁殖一般采用全人工繁殖和半人工繁殖两种方式。

第一节　黄鳝的全人工繁殖

　　要搞好黄鳝的人工繁殖，首先必须弄清楚黄鳝的自然繁殖习性及其对相关生态环境的要求，然后根据黄鳝自然繁殖习性进行人工繁殖。

一、繁殖季节及繁殖行为

　　在长江流域一带，每年 5～9 月为黄鳝的繁殖季节，产卵盛期在 6～7 月；但随着天气的变化，亲鳝也可以提前或推迟产卵。当雌鳝所怀卵粒发育到呈游离状态时，雌鳝高突的腹部便呈现半透明的桃红色。此时，雌鳝表现极为不安，常出洞游寻异性，一旦发现有雄鳝跟踪，便回头相迎，一起回洞筑巢。黄鳝为短期行为的"一夫一妻"制，如果此时另有雄鳝靠近纠缠，原雄鳝即会发出猛烈攻击。一般情况下是来犯者退避，也有更强悍者反攻获胜、取而代之的。有人曾发现过一种有趣的现象：这类避离者和战败者并没有完全放弃它们的追求对象，一旦雌鳝排卵，它们仍一冲而上向卵排精。

二、繁殖洞的建造

亲鳝产卵的繁殖洞具有隐蔽、护卵、防沉、供氧等作用。它不同于一般的黄鳝居住洞。繁殖洞一般建于很隐蔽的田坎、塘坎的草丛下，洞口呈宽敞的水平面"洞天"，深 10～15 厘米，宽 5～10 厘米，高约 5 厘米，天水各半，与洞身相接，活像一头狮子张着嘴，口、喉分明（图 5-1）。该结构具如下功用：①口面开阔，便于雌、雄亲鳝同时产卵、射精，不至于因拥挤而损坏浮卵泡沫；②便于亲鳝水下进出，而不至于碰到水面上的浮卵；③便于水下防卫，攻击来犯者；④便于减小浮卵的动荡，由于三面连接土壤，土壤对水波的反作用，减缓了外界水波的影响；⑤避免了阳光的直射；⑥避免了冷风的侵袭，稳定了孵化温度；⑦万一受精卵粒下沉，由于水深不过 2～3 厘米，且水上有充满空气的"洞天"供氧，不会造成受精卵粒窒息死亡。

图 5-1　黄鳝的天然繁殖洞

三、亲鳝的雌、雄比例

在自然状况下，亲鳝的雌雄比例往往处于失调状态。整个繁殖期一般是：前期雌多于雄；中期趋于平衡；后期雄多于雌。这就是为什么前期出现"抢亲"，后期出现"一妻多夫"的原因。野生状态下的自然繁殖，基本上是子代与亲代交配，也有少量是子代与前两代雄鳝相配的。如果雌鳝没有找到配偶，一般是不会排卵的，如果成熟后长达半个月仍无配偶，或是天气转凉，丧失了孵化条件，雌鳝就不再产卵。所怀卵粒将全部被自身吸收，这类雌鳝将在第二年繁殖期的前期产卵。如果鳝群中根本没有雄鳝，而成熟雌鳝较多时，其中将有一部分雌鳝提前转化为雄鳝，并与同龄雌鳝配对繁殖，这类同龄配对鳝的受精率低，孵化率低，后代个体小，发育也较慢，不宜捕取作种。

四、产卵与孵化

雌鳝每年产卵 1～2 次，高者可达 3 次。产卵前，雌、雄亲鳝共同吐泡沫筑巢，所吐泡沫有一定的黏性，雌鳝将卵粒产向泡沫，由于刚产出的卵稍有黏性，所以很容易被泡沫黏附，加上精液的悬浮作用，卵粒很快被悬浮于泡沫之中，一旦卵粒吸水膨胀，即使卵粒完全失去了黏性，也不会落入水底。雄鳝射精非常及时，在雌鳝刚产出数粒卵时即开始射精，并准确无误地射向卵粒，将卵粒托住，并与泡沫黏合在一起。雌鳝产完卵之后，即离繁殖洞而去。雄鳝有很强的护卵护仔的习性，护卫期间，即使受到较大的干扰也不离去，甚至会向干扰者猛烈攻击。在农村，常发生雄鳝咬人的事，均出于这种情况之下。卵粒从排出受精到孵出仔鳝的时间差异较大，在一般天然条件下，水温为 25～31℃时，5～7 天可孵出；水温为 18～25℃时，8～11 天可孵出；超过 11 天仍未孵出者，将不可能再孵出仔鳝。孵化时间的快慢，除了与水温有关外，还有一重要因素——溶氧量，水体溶氧充足，孵化时间较快，仔鳝发育正常。如果水体严重缺氧，即使其他条件都很好，也不可能孵化成功。另外，水体的 pH 值对孵化也有较大影响，适宜的 pH 值范围为7.0～8.0。

五、亲鳝的选择

1. 黄鳝亲本的来源

黄鳝亲本主要来自三个方面。一是组织人员在天然水域中捕捞，包括池塘、沟港、湖泊、河流和稻田中均可捕捞。渔具要采用鳝篓（竹篓）、鳝笼及其他定置网具，进行诱捕，以免鳝体受伤。二是到市场上采购。采购时要注意选择无伤、无病、活力强、个体较大的黄鳝，体色要鲜艳，有光泽，并注意口内绝不能有鱼钩，受过钩伤也不行。还要注意雌雄搭配。三是从养殖场中挑选符合要求的黄鳝作亲本，进行重点培育。

2. 亲本的选择

黄鳝亲本是人工繁殖的基础，亲本选得好，人工繁殖方能成功。因此，要认真挑选无伤病、健康活泼、游泳快、体色鲜艳、有光泽的较大个体。体色以金黄色、黄褐色较好。年龄以 2 龄为佳。雌鳝亲本选择体长 30 厘米以上、体重 150～250 克的个体较好，剔除体色灰青、规格过大的种鳝，体质好的苗种会极力朝水底钻，而站立在水中的鳝苗很可能处于僵硬痉挛状态。成熟的雌鳝腹部膨大呈纺锤形，个体较小的成熟雌鳝腹部有明显的透明带。体外显现卵巢轮廓，用手触摸腹部可感到柔软而富有弹性，生殖孔明显突出、红润或显红肿。上、下嘴唇带圆形，尾巴粗而齐全。雄鳝亲本应选择体长 40 厘米以上、体重 200～500 克的个体较好。雄鳝腹部较小，几乎无突出感觉，两侧凹陷，体形柳条状或呈锥形，腹面有血丝状斑纹。生殖孔不明显，但显红润或红肿。用手挤压腹部，可挤出少量透明状精液。在高倍显微镜下可见活动的精子。上、下嘴唇尖，尾巴也尖。

3. 雌雄比例

一般情况下，黄鳝亲本的雌雄比例为 2：1。为了提高黄鳝繁殖的受精率，也可采取雌雄各半的搭配比例。

六、亲鳝的培育

亲鳝催产、孵化等环节的成功与否，关键在于亲鳝是否培育得好。因此，对于亲鳝培育这一环节千万不能掉以轻心，敷衍了事，而应精心饲养管理，切实加强培育。不管什么途径获得的亲鳝，均要在产前进行一段时间的强化培育。

亲鳝的培育池采用水泥池，池底铺上 30 厘米左右的疏松烂泥。土池必须经过改造，以符合黄鳝生殖的要求。池面上应加盖纱窗，以防止黄鳝逃跑。池水深 15 厘米左右。设置饲料台。培育期要经常换水，保持水质清新，溶氧充足。池中养少量浮水植物如水葫芦、水浮莲等，以利遮阳避光。亲鳝的放养数量依培育池和饵料及管理等条件而定。一般 20 米² 的培育池，放养雌亲鳝 140～160 尾、雄鳝 60～80 尾。饲喂以小鱼、小虾、蚯蚓、蝇蛆、螺、蚌类肉等动物性饵料为主，也可投喂发芽麦子等，以增加维生素等营养物质。4～8 月，特别是 5～7 月黄鳝的繁殖季节，要进行强化培育，投喂蚯蚓、蝇蛆等蛋白质高的优质饲料，并经常加注新水，以促进黄鳝性腺的发育。一天投喂 2 次，饲喂量为黄鳝体重的 3%～10%，傍晚一餐量要多些。催产前应停喂一天。

七、催产和催产剂

(一) 催产亲鳝的选择

选择性腺发育好即成熟度好的黄鳝亲鱼，是催产成功的关键。

(二) 催产剂的选择

黄鳝的人工催产方式，基本同于四大家鱼催产方式。所用催产剂有鲤科鱼类脑垂体、人工合成的促黄体生成素释放激素类似物和绒毛膜促性腺激素三种。

1. 鲤科鱼类脑垂体 (PG)

鲤科如鲤、鲫、青、草、鲢等鱼的脑垂体，对黄鳝的催情产卵均具有良好的效果。特别是接近性成熟的鲤科鱼的脑垂体，效果更佳。其采取的方法如下。

（1）采集季节　采集脑垂体，最好是在冬季和春季鲤科鱼产卵前进行。在这种低温季节进行，一方面是病毒病菌性污染少，另一方面是脑垂体质量较好。

（2）采集方法　用快刀砍开鱼两眼上缘之间的头盖骨，暴露鱼脑并将白色鱼脑翻开，位于前下方的一个小白色软体即为脑垂体。脑垂体上有一包膜，小心用针挑破包膜，便可取出脑垂体。除去脑垂体周围的附着物，放入盛有 10 倍于脑垂体的丙酮或无水乙醇小瓶中脱脂及脱水，经 6～8 小时后再换一次药液。再经 12～24 小时后取出，晾干，密封后放入干燥器中保存备用。也可直接采集新鲜脑垂体直接使用。雌、雄鲤科鱼的脑垂体具同样的催产效果。

2. 促黄体生成素释放激素类似物（LRH-A）

该类似物是经过复杂的化学工艺合成的，商品名称为"鱼用促排卵素 2 号"。该剂呈白色粉末状，安瓿瓶密封包装，应放在避光干燥处或低温条件下保存，有效期为 3 年。该剂易溶于水，稀释后的药液可保存 1 个月左右，是一种使用方便且高效的催产剂。

3. 绒毛膜促性腺激素（HCG）

该剂为白色或淡黄色粉末，由怀孕 2～4 个月的孕妇尿液经分离提纯后制备而成的。该剂易吸潮，遇热后容易变质，应放在阴凉或低温处干燥保存。但稀释后的药液不稳定，不易保存，只适于现配现用。

（三）催产剂用量和效应时间

1. 催产剂的用量

（1）脑垂体用量

① 体重 20～75 克的雌鳝，每尾 1 次注射 0.5～2 毫克（相当于体重 1.5 千克鲤鱼的脑垂体 1～3 个）。

② 体重 75～250 克的雌鳝，每尾 1 次注射 2～3 毫克。

③ 体重 120～300 克的雄鳝，每尾 1 次注射 2～4 毫克。

④ 体重 300～500 克的雄鳝，每尾 1 次注射 3～5 毫克。

（2）LRH-A 用量

① 体重 20～75 克的雌鳝，每尾 1 次注射 3～5 微克。

② 体重 75～250 克的雌鳝，每尾 1 次注射 5～15 微克。

③ 体重 120～300 克的雄鳝，每尾 1 次注射 15～20 微克。

④ 体重 300～500 克的雄鳝，每尾 1 次注射 20～30 微克。

（3）HCG 用量

① 体重 20～75 克的雌鳝，每尾 1 次注射 0.3～0.8 毫克。

② 体重 75～250 克的雌鳝，每尾 1 次注射 0.8～3 毫克。

③ 体重 120～300 克的雄鳝，每尾 1 次注射 1～2 毫克。

④ 体重 300～500 克的雄鳝，每尾 1 次注射 2～2.5 毫克。

根据各地多次试验和生产实践，在生产中，催产剂的用量稍加大一点较为合适，每克鳝体重一次注射 LRH-A 0.1～1.0 微克，催产排卵均有效，但以 0.3 微克/克体重的剂量为适宜。一般尾重 15～20 克的雌鳝，注射 LRH-A 5～10 微克；尾重 50～250 克的雌鳝，注射 LRH-A 10～30 微克。采用 HCG，每克鳝体重剂量为1～5 国际单位均有效，但以 2～3 国际单位/克体重催产较为适宜。

LRH-A 和 HCG 对黄鳝的催产效果与黄鳝性腺发育成熟度密切相关。一般在 5 月上旬繁殖季节刚开始，激素引起排卵的效应不明显。6～7 月繁殖盛期，激素诱导排卵的效应比较明显。8 月卵巢逐渐退化，对激素反应微弱，诱导排卵效果比较差。因此，应根据不同季节和卵巢成熟程度酌情增减催产剂量。一般雄亲鳝为雌亲鳝用量的一半。

2. 效应时间

采用 LRH-A 或 HCG 对黄鳝亲鱼进行催产，效应时间为 1～8 天。效应时间和催产剂量无多大关系，但与注射次数及当时水温有密切关系。试验表明，运用 LRH-A 催产，使用相同的剂量在 23℃ 的水温条件下，一次注射效应时间为 83～160 小时，而多次注射则可缩短到 23～81 小时。水温与效应时间的关系更为密切。一般水温在 27～30℃时，效应时间在 50 小时以下，而水温低于 27℃时，效应时间会提高到 50 小时以上。

黄鳝养殖关键技术精解

（四）催产剂的配制

LRH-A 和 HCG 均为白色结晶体。使用生理盐水溶液将其充分溶解后，按 LRH-A 0.3 微克/克体重、HCG 2～3 国际单位/克体重精确计算和配制剂量，吸入注射器内备用。每尾亲鳝注射量一般以 0.5 毫升为佳，多的不超过 1 毫升。催产剂的注射液要随配随用，不能放置太久。如果采用二次注射，第一针注射后，剩余的催产药液可放置于冰箱（冰柜）中，下一针注射可以再用。如果无冰箱（柜），第二针的注射液则要到注射时配制，随配随用。

（五）注射方法

针筒和针头等注射器具都要经过严格的消毒。一般要煮沸 30 分钟。注射时一人注射，一人用毛巾或纱布握住黄鳝，擦干注射部位的水分，相互配合。

注射部位有体腔注射和肌内注射两种。体腔注射方法是一人用毛巾或纱布将黄鳝包住，双手将鳝体固定，露出腹部朝上，另一人将针头朝黄鳝头部方向，与鱼体保持 45°～60°角于卵巢前方刺入体腔中 0.5 厘米，不要伤及内脏，慢慢地将注射液推入黄鳝腹中，抽针头时用酒精棉球紧压于针眼处，抽出后轻轻揉动以避免注射液流出，同时还能起到消毒的作用。针头既不能刺入太深，以免刺伤内脏，又不能插得太浅，使针头容易脱开，达不到效果。肌内注射方法是选择在侧线以上的背部肌肉处，注射时一人用毛巾或纱布将黄鳝握住，使其侧卧于毛巾或纱布上，针头朝头部方向刺入 0.5～1.0 厘米，慢慢将注射液徐徐推入肌肉中，针头拔出后亦用酒精棉球消毒。上述两种注射方法以体腔注射采用较多，其效应较快，效果较好。

八、人工授精

亲鳝注射催产剂之后，马上分雌雄放于网箱或水族箱中暂养。箱内盛水不宜太深，也不能太浅，保持在 20～30 厘米即可。每天需换水一次，每次约换水 1/3。水温在 25℃ 以下时，注射催产剂

40 小时后，每隔 3 小时检查一次。但同一批注射的亲鳝，效应时间往往不一致，所以也可延长到注射后的 70～80 小时。检查方法是，用手捉住亲鳝，触摸腹部，由前向后移动，如感觉到卵粒已经游离，或有卵粒排出时，则说明雌鳝已经开始排卵，可以立刻进行人工授精了。

发现雌鳝开始排卵，立即取出，一只手垫好干毛巾，握住前部；另一只手由前向后挤压腹部，部分亲鳝即可顺利挤出卵粒。但是，常常有许多亲鳝会出现生殖孔堵塞现象，此时可用小剪刀在泄殖孔处向里剪开一个 0.5～1.0 厘米的口子，然后将卵挤出，连续挤压 3～5 次，直到挤空为止。

在挤卵之前要准备好人工授精的容器，如玻璃缸、瓷盆、瓷碗等，将其擦拭干净。在卵粒挤入容器的同时，另一人将雄鳝杀死，迅速取出精巢，将其中一小块切下放在 400 倍以上的显微镜下观察，如发现精子活动正常，即可用剪刀把精巢剪碎，放在挤出的卵上，用鹅毛充分搅拌，随后加入任氏溶液 200 毫升，放置 5 分钟，再加清水洗去精巢碎片和血污，反复清洗后的受精卵放入孵化器中进行孵化。人工授精的雌、雄鳝比例要视数量而定，一般为 (3～5)：1。

九、人工孵化

黄鳝受精卵的相对密度大于水，属沉性卵，无黏性，自然繁殖时受精卵附着在亲鳝吐出的泡沫产卵巢上，漂浮在水面孵化出苗。人工孵化时要选择合适的孵化器，并且要好好管理，才能顺利孵出鳝苗。

(一) 孵化器的选择

孵化器应根据产卵数量和当时当地的条件进行选择。如果数量少，可选用玻璃缸、瓷盆、水族箱和小型网箱等孵化器，水不宜太深，一般稳定在 10 厘米左右即可。如果大批量生产，则要采用孵化缸、孵化桶、孵化环道等孵化设施。并采用流水法（或滴水法）增加水中溶氧量，流水法设计使水从孵化工具的底部进入，由上部溢出（上部用纱布挡住卵不溢出），使受精卵不断翻滚，既不溢出受精卵，又不落入水底，以免缺氧引起死亡。

（二）人工孵化管理

1. 调节好水质

黄鳝人工授精率低，且不易鉴别其是否受精。未受精的卵在孵化过程中崩解后易使水质恶化，所以要及时清除，同时要使水不断流动，将污水换掉，保持良好水质。尤其是采用封闭型容器孵化时要经常换水。越到孵化后期，越要勤换水。据试验，采用基底铺细沙，滴水孵化可有效提高孵化率。换水时水温差不能超过 3℃。凡是孵化用水，都应采用砂滤或筛绢过滤，以免大型浮游生物和其他水生生物等敌害危害鱼卵。

2. 适当调控水温

黄鳝孵化水温 22～32℃ 均可，适宜水温 28～30℃。孵化过程中要尽量保持水温稳定。因为水温急骤上升和下降，正负相差 3～5℃ 时，都会导致胚胎发育畸形，孵化率降低，甚至仔鳝死亡。

3. 保证水的溶氧量

黄鳝卵孵化时，胚胎发育的不同阶段耗氧量是不同的。胚胎发育过程中，越趋向后期，耗氧量越大。整个孵化过程一定要注意保持水中的溶氧量。在盆、缸等静水中孵化时，要增加换水的次数，以免缺氧。

4. 防治病害

在受精卵放入孵化器之前采取措施消毒预防。方法是用 20 毫克/升高锰酸钾浸泡受精卵 15～30 分钟进行消毒。在孵化过程中，导致病害发生的一个重要因素是未受精卵不断崩解和卵膜污染水质。所以，在孵化过程中，一是清除水中污物，二是应在孵化器中适当加入抗生素以防止病菌滋生。

（三）卵的成熟度及受精卵的鉴别

黄鳝刚产出的卵呈淡黄色或橘红色，圆形，沉性，无黏性。成熟度好的卵吸水后呈圆形，形成明显的卵间隙，卵黄与卵膜界限清楚，卵黄集中于底部，吸水 40 分钟后胚盘清晰可见。成熟度不好的卵吸水后不呈圆形，卵黄和卵膜界线不清，卵内可见不透明雾状物。成熟度好而未受精的卵也能形成胚盘，进行细胞分裂。卵是否受精，要到原肠期方能见分晓。未受精卵不能形成原肠。黄鳝卵的卵黄丰富，不经处理的卵用肉眼看不清，用镜检也难以看清，必须用鉴别液透明后再用镜检观察。鉴别液的配方为：福尔马林 5 毫升、甘油 6 毫升、冰醋酸 4 毫升、蒸馏水 85 毫升，将其混合配制即成。孵化水温 25℃时，人工授精后 18～22 小时，即可观察卵的受精情况。此时取出黄鳝卵，在鉴别液中浸 3 分钟，在镜下观察，如果囊胚延伸，原肠形成，可判断为卵已经受精，否则为未受精卵。

检查一定数量以后，即可统计其比例，计算其受精率。

十、胚胎发育

在孵化水温为 25℃左右时，黄鳝受精卵的胚胎发育时序如图 5-2 所示。

1. 卵

黄鳝卵径 3.3～3.7 毫米，卵粒重 35 毫克左右，卵黄均匀，卵膜无色半透明（图 5-2 中 1）。卵受精后 12～20 分钟，受精膜隆起，形成明显的卵间隙。此时，卵径增大到 3.8～5.2 毫米，并开始有原生质流动。从卵子受精一直到原肠早期，卵的动物极均朝上。

2. 卵裂（细胞分裂）期

黄鳝卵受精 40～60 分钟，其动物极的原生质隆起形成胚盘（图 5-2 中 2）。卵受精后 120 分钟左右，开始第一次细胞分裂，即卵裂，卵裂时首先在胚盘纵裂为大小相同的 2 个细胞（图 5-2 中 3）。受精后 180 分钟左右，发生第二次卵裂，与第一次卵裂面垂直，分裂成 4 个相等的细胞（图 5-2 中 4）。受精后 240 分钟左右，产生第三次卵裂，与第二次卵裂面垂直，在第一条分裂沟两侧同时产生两条平行分裂沟，分裂成 8 个相等的细胞（图 5-2 中 5）。受精后 300 分钟左右进行第四次卵裂，与第一次的分裂面垂直，在第二

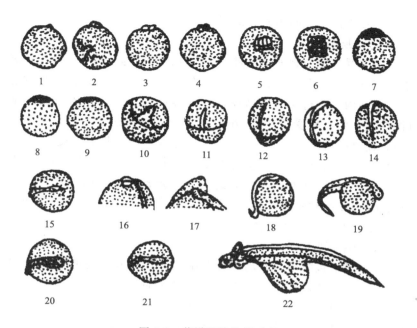

图 5-2　黄鳝胚胎发育时序

1—未受精卵；2—受精后 40～60 分钟见到胚盘；3—受精后约 120 分钟第一次卵裂；

4—第二次卵裂；5—第三次卵裂；6—第四次卵裂；7—第五次卵裂；8—囊胚期；

9—原肠胚期；10—胚盾出现；11—神经胚形成；12—大卵黄栓时期；

13—小卵黄栓时期；14—胚孔闭合；15—形成神经沟；16—心脏形成；

17—心脏分出心耳心室；18—尾芽形成；19—尾部后伸；

20—出现菱形脑室及胸鳍；21—视泡出现；22—仔鳝

条分裂沟的两侧同时产生两条平行分裂沟，形成 16 个大致相等细胞（图 5-2 中 6）。受精后 360 分钟左右，形成大小基本相等的 32 个细胞，呈单层排列（图 5-2 中 7）。随后，细胞分裂依次陆续分裂为 64、128、258…细胞越分裂越小，层次越来越多。

3. 囊胚期

黄鳝卵受精后 12 小时左右，胚胎逐渐离开卵黄囊而隆起，囊胚层约占整个受精卵高度的 1/3，此时为囊胚早期。囊胚层细胞不断向卵黄囊扩展，受精后约 16 小时，囊胚层继续下包，细胞界限逐渐模糊不清，此时为囊胚期（图 5-2 中 8）。

4. 原肠期

随着受精卵分裂的继续进行，动物极细胞越来越小，隆起的高囊胚逐渐变低，并沿着卵黄表面动物极下包。卵受精后 18 小时左右，开始内卷，边缘部分增厚，形成隆起的胚环，进入原肠胚期（图 5-2 中 9）。卵受精后 21 小时左右，动物极细胞下包到囊胚的 1/3，此时胚盾出现（图 5-2 中 10），进入原肠中期。卵受精后 35 小时左右，动物极细胞下包到卵的 1/2 时，神经胚形成（图 5-2 中 11）。卵受精后 44 小时左右，进入大卵黄栓时期（图 5-2 中 12）。卵受精后 48 小时左右，进入小卵黄栓时期（图 5-2 中 13）。卵受精后 60 小时左右，胚孔闭合（图 5-2 中 14）。

5. 神经胚期

在原肠下包的同时，动物极的细胞开始内卷，在卵受精后 21 小时左右，胚盾形成并不断加厚，形成原神经板（图 5-2 中 10）。此后，随着原肠的下包，神经板不断发育、伸长（图 5-2 中 11～14），在受精后 65 小时左右，尾芽开始生长，形成神经沟（图 5-2 中 15）。

6. 器官发生期

（1）心脏的形成　黄鳝卵受精后 60 小时左右，形成细管状的心脏（图 5-2 中 16），开始缓慢地跳动，每分钟跳动 45 次左右。其血液中尚无红细胞。此后心脏两端逐渐膨大，出现心耳、心室（图 5-2 中 17），进而出现弯曲。卵受精后 90 小时左右，形成 S 形的心脏，心跳每分钟 90 次左右。此时血液中已有红细胞而呈红色。

（2）尾芽的生长　胚孔团合之后，尾芽开始生长。受精后 77 小时左右，尾端朝前，形成弯曲（图 5-2 中 18）。受精后 95 小时左右，尾部朝后伸展（图 5-2 中 19），并不断伸长。

（3）脑和眼的发育　卵受精后 65 小时左右，神经胚的头部膨大，形成前、中、后 3 个脑泡，随后可见到菱形的脑室（图 5-2 中 20）。受精后 85 小时左右，视泡出现在前脑室两侧（图 5-2 中 21）。受精后 100 小时左右，眼球的晶体形成。

（4）肌肉的运动　卵受精后发育到 65 小时左右时，肌肉开始轻微颤动。随着进一步发育，颤动变为抖动。到受精后 95 小时左右时，胚胎已经可以在卵膜内随意转动。

（5）鳍的发生和退化　卵受精发育 69 小时左右时，胸鳍形成（图 5-2 中 20），并且能不断地扇动，每分钟 90 次左右。同时，尾芽生长。在受精后 94 小时左右，胚胎的背部和尾部形成明显的鳍膜。胸鳍和鳍膜上分布着丰富的微血管网，且可见血液有规则的流动。受精卵胚胎发育到卵黄囊接近消失时，胸鳍和鳍膜退化消失。

（6）出膜期　孵化出膜前卵膜逐渐变软变薄，胚胎在卵膜内剧烈转动。孵化水温 22～25℃时，受精后 288～366 小时，仔鳝破膜而出（图 5-2 中 22）。破膜时大多是尾部先破膜，有一部分是头部先破膜。刚破膜的仔鳝游泳力弱，卵黄囊相当大，直径 3 毫米左右。仔鳝出膜时体长一般为 12～20 毫米。此时，仔鳝只能侧躺于水底，或做挣扎状地游动。

（7）仔鱼期　即胚后发育期。当水温 29～30℃时，刚出膜的仔鳝体长约 15 毫米。此时仔鳝身体透明，腹部有一梨形的卵黄囊，心脏跳动急速，体弯曲呈弧形，侧卧于水底。出膜后 24 小时，仔鳝体长 16～21 毫米，卵黄囊延长，体色加深，体呈三角形，有时有的可侧泳到水面，但大部分侧躺在水底。出膜后 60～72 小时，仔鳝体长 19～24 毫米，卵黄囊变小，呈纺锤形，已能背向上游泳。出膜后 96 小时，仔鳝体褐色，卵黄囊侧面观看如一条线，头两侧有一对胸鳍。出膜后 144 小时，仔鳝体长 23～33 毫米，颌长 1.2 毫米左右。此时卵黄囊已完全消失，色素细胞布满头背部，使鱼体呈黑褐色，仔鳝能在水中快速游动，并开始摄食丝蚯蚓。出膜仔鳝在孵化箱经过 4～7 天，体长 30～31 毫米时，即可放入幼苗培育池培养。

第二节　黄鳝的半人工繁殖

黄鳝半人工繁殖，就是选择亲鳝，按一定雌雄比例投放于土池或水泥池中，或者投入养鳝池所划出的一角中，培育到繁殖季节，选出性腺发育好的亲鳝按一定的雌雄比例，注射药物催产，不进行人工授精，任其自行产卵、受精、孵化，随后捕仔鳝单独培育。这种繁殖方法，称为半人工繁殖。其方法简便易学，一般养殖人员均能掌握运用。

一、繁殖池的建设和改造

黄鳝的繁殖池可单独建造，也可在饲养池中规划一块面积建造，土池和水泥均可。小规模的家庭庭院养殖，房前屋后的坑、凼、自然塘稍加改造也可做繁殖池。但是，规模较大的专用繁殖池中都必须建一个面积较小的仔鳝保护池。该池和繁殖池相隔的池壁上要多留些圆形或长形的孔洞，孔洞处要用铁丝网等相互隔离开，使亲鳝不能通过铁丝网进入保护池而仔鳝可以通过进入保护池。在繁殖池和保护池中应培植一定数量的水浮莲、水葫芦等水生植物，或投入一些丝瓜络及其他柔软多孔的东西，以便亲鳝筑巢和仔鳝隐居栖息。同时，可以模拟黄鳝在田野产卵的自然环境，人工创造一些适宜黄鳝繁殖的环境条件。在繁殖季节，可将野生亲鳝转移到稻田田埂旁，任其打洞穴居，吐泡沫筑巢产卵。根据黄鳝的繁殖特性，也可在繁殖池外的四周（要离池壁一定距离）和池中堆筑土埂，埂宽50厘米，每隔80～100厘米堆筑一条土埂，在土埂上种植一些水芹或竹叶菜，到了繁殖季节，亲鳝就可在土埂草丛中活动，打洞穴居，筑巢产卵。

二、亲鳝的选择和培育

1. 亲鳝的选择和雌雄比例

黄鳝的亲本来源：一是在养殖池中挑选；二是在稻田沟渠等水域捕捉；三是从市场上选购。要求选择的亲鳝体质健壮，无伤无病，体色鲜艳，金黄色或黄褐色，游泳迅速，发育好。尤其要注意的是，从市场上选购的亲鳝，一定不能受伤，口腔内不能有钓钩及钓钩伤痕。雌鳝选择体长 30～40 厘米、体重 150～250 克的 2～3

龄的个体，成熟的雌鳝腹部饱满膨大，呈纺锤形，腹部有一明显透明带，体外可见卵粒轮廓，用手触摸，腹部柔软有弹性，生殖孔突出。雄亲鳝 40 厘米以上，体重 200～500 克，成熟好的轻轻挤压其腹部，有少量透明精液流出。

雌雄亲鳝搭配，比例一般为 2：1 或 3：1。这是因为雌鳝产卵量不大，无须搭配太多雄鳝。当然，为了加快成熟和提高产卵受精率，可以提高雄鳝的比例，实行雌雄亲鳝各半，即 1：1 搭配。一般情况下，每平方米的繁殖池中放入 2～3 尾雌鳝、2～3 尾雄鳝即可。根据繁殖池的面积，按上述比例适当搭配，一次放足，再进行培育。

2. 亲鳝的培育

黄鳝半人工繁殖与人工繁殖一样，其成功与否和卵苗的质量好坏均取决于亲鳝的培育。因此，必须对这一关键环节给予足够的重视，做好亲鳝的培育。繁殖季节之前的一段时间，喂养以动物性饵料为主，如蚯蚓、螺类和蚌类肉以及麦芽等，以增加营养，增强体质。在繁殖季节，尤其是 5～7 月，更要加强饲养管理，保证足量的蚯蚓等优质饵料供给，以促进其性腺发育。

雌鳝产卵之后，开始性逆转，慢慢转变为雄性。根据这一特性，亲鳝产卵繁殖后须捕起，重新调整雌雄亲鳝的搭配比例，以利来年再进行繁殖。或捕出一些雄鳝，补充一些雌鳝。

三、人工催产

到了繁殖季节，从繁殖池中选择成熟好的亲鳝，注射激素，进行人工催产。催产剂的种类和剂量与人工繁殖的相同。一般情况下，采用 LRH-A，剂量为 0.3 微克/克体重，一次注射，效果较佳；雄鳝注射剂量减半。如果采用 HCG，剂量以 2～3 国际单位/克体重较好。15～50 克的雌鳝一般注射 LRH-A 剂量为每尾 5～10 微克；HCG 剂量为每尾 30～100 国际单位。60～250 克重的雌鳝注射 LRH-A 每尾 15～40 微克；注射 HCG 每尾 100～500 国际单位。上述用法与用量，雄鳝都要减半。

激素的配制方法和注射方法同全人工繁殖。

有的地方不注射催产剂催产，任其自然产卵受精，也有成功的，但效果不稳定，也不好把握。目前的技术水平仍以人工催产为佳。

四、受精卵的孵化

亲鳝注射催产激素之后，即放入繁殖池，可让其自行产卵、受精和孵化。由于鳝卵的相对密度大于水，在自然繁殖的情况下，黄鳝在产卵和孵化期间会不断形成许多细小致密、成堆成团的泡沫包围在卵的周围。洞内有水时，受精卵随泡沫悬浮于产卵室的上部；无水或者缺少水时，泡沫覆盖在卵的周围，鳝卵靠亲鳝吐出的泡沫浮于水面孵化出苗，因此当见到一些泡沫团状物漂浮在水面上，应该及时用瓢或盛饭的勺子轻轻将它捞起，放在已经盛入新水的面盆或水桶中。然后，将鳝卵小心地放在鳝卵孵化器中孵化，孵化形式有以下几种。

1. 静水孵化

一般静水孵化水位控制在 15 厘米左右，采用静水孵化要注意经常换水，确保水质清新，溶氧充足。换水时水温差不要超过 3℃（每次换水 1/3 左右，每天换水 2～3 次）。胚胎发育后期耗氧量增大，因此要增加换水次数（每天换水 4～6 次）。

2. 滴水孵化

滴水孵化是指在静水孵化的基础上，不断滴入新水，增加溶氧，改善孵化器皿水质的方法。在进行滴水孵化前先在孵化器皿底部均匀铺上一层经清水洗淘、阳光曝晒的细砂；从水龙头接出水皮管，用活动夹夹住皮管出水口，以控制水流滴度，将受精卵转移至铺有细砂的器皿中；打开水龙头，调节活动夹至适宜水滴速度。一般为 30～50 滴/分。孵化的器皿最好有溢水口，要经常倾掉部分脏水。

3. 流水孵化

在木框架中铺平筛网，浮于水面上，把鳝卵放入清水中漂洗干净，检出杂质，污物。卵块在筛网内以上均匀附有薄薄的一层膜，筛网浮于水泥池中的水面上，即可孵化。将鳝卵的1/3表面露出水面，并保持微流水，水泥池一边进水一边溢水。也可利用孵化桶进行孵化。

　　黄鳝产卵和孵化出苗期间要加强管理。产卵期间，要尽量避免惊扰，保持黄鳝产卵环境安静和安全。平时要巡塘观察，发现问题及时处理。繁殖池换水时切记不要猛烈灌水和冲水，而要细水缓流慢慢加水，或经常不断地缓慢掺水，以保持池中良好的水质和水位稳定。缓流水应首先流经另设的鳝苗保护池，再慢慢地流入繁殖池。通过缓缓流水的刺激，可以诱导鳝苗逆水而上进入保护池。如果在饲养池中发现有新孵化的黄鳝苗，应将其诱集捕捞起来，放入鳝苗池中进行培育。

第六章 黄鳝的苗种培育

黄鳝苗的来源一是采捕天然鳝苗，二是人工繁殖，或者购买商品鳝苗。夏季5～9月是亲鳝繁殖的旺季，有条件的地方，在稻田、河渠、河、湖浅滩杂草丛生的地方及成鳝养殖池内寻找泡沫堆聚的产卵、孵化巢，用瓢或密眼捞海将卵连同泡沫一起轻轻捞起，装在水桶内，运回孵化。当水温在25～30℃时，一周内可孵出，孵出的鱼苗即移入育苗池中进行培育。先后使用的饵料有煮熟的蛋黄、水蚤、丝蚯蚓、蝇蛆及切碎的蚯蚓、河蚌肉等。经精心饲喂，当年即可得到体重10～15克的鳝种。若较大规模的培育黄鳝苗种和养殖成鳝，就必须实行"三自"方针，即自己繁殖鳝苗，自己培育鳝种，自己养殖成鳝。这样可以降低成本，取得好的效益。因此，本章介绍的黄鳝苗种培育，主要是指对人工繁殖和半人工繁殖的鳝苗进行培育。

第一节 育苗池的准备

一、育苗池的选择

黄鳝苗的培育池需选择水源充足，排灌方便，水质好、无污染的地方。最好选用小型水泥池，面积在 10 米² 左右，池深 30～40 厘米，上沿高出地面 20 厘米以上，以免雨水浸漫逃鱼。培育池要设进水口和溢水口，并要用防逃网。池底加泥 5 厘米左右。然后注入新水至水深 10～20 厘米备用。同时，可在水面上培养一些须根发达的水葫芦，能将水（丝）蚯蚓引入育苗池中就更好。在放苗前 15 天左右用生石灰清塘清毒，用量为 100～150 克/米²，施加牛粪或猪粪 1 千克/米² 用于培育浮游动物，以便鳝苗下池后有适口的基础饵料生物，池中水深保持在 15 厘米左右。

二、育苗池的清整、消毒和施肥

育苗池是黄鳝苗生活的场所，环境条件的好坏直接影响鳝苗的成活和生长发育。因此，改善育苗池的环境条件是提高鳝苗成活率的一个重要环节，而清理鳝池是改善环境条件的主要措施之一。因为经过一年养殖生产后，一部分剩饵残渣沉到水底，池底堆积大量的腐殖质，使有害病菌、寄生虫大量繁衍，对黄鳝生长不利。因此，在鳝苗放养前必须进行清理、消毒。同时，一年后，特别是多年失修的池子，损坏的堤埂和漏洞需要修补，堵塞的注水、排水道等设施必须疏通。

1. 育苗池的修整

冬天，黄鳝苗种出池以后，即可排干池水，让太阳曝晒数日，然后挖出池底沉积的多余淤泥。若池中淤泥较少，在冬天排干池水后，让太阳曝晒几天就行了。同时，要在用池前 15 天左右，修补好漏洞和堤埂，疏通进排水孔道等。

2. 药物清池消毒

用生石灰、漂白粉、茶枯等药物对育苗池进行清池消毒，杀灭黄鳝的病原体和敌害。清池时间一般在鳝苗入池前 10～15 天进行。时间早，往往会重新滋生一些有害生物危害鳝苗；时间太晚，药物的毒性还没有消失，鳝苗容易中毒。药物清池应选择晴天进行，因为雨天药物不能充分发挥作用。

清池消毒的药物以生石灰最好。因为生石灰不仅能杀死病原体和敌害，而且能起到施肥和改良水质等作用。石生灰清池的方法是：池中留积水 10 厘米左右，以便撒入的生石灰能均匀分布。生石灰的用量一般在每平方米 100~150 克。施用时，先将生石灰放入水桶中兑水溶化成石灰乳剂，趁热向全池泼洒。第二天，用带木条的耙子将池泥和石灰乳剂搅拌一遍，以使生石灰充分发挥作用。清池后 1~2 天注入新水，待药物毒性消失后，即可放养鳝苗。同时，硫酸铜溶液也是水产养殖中常用的杀菌、杀藻剂，有研究表明其对黄鳝的肝脏功能有明显损伤（鲁双庆，2002 年），因此在引入水源和消毒时应引起重视。

3. 施放基肥

为了让黄鳝苗下池后有丰富的天然饵料，提高鳝苗的成活率，促进其生长发育，必须在池中施足基肥。其方法是：在育苗池底先铺以泥土，然后铺上一定数量的有机堆肥，泥肥比例为 8：1，混合后堆平，厚度约为 5 厘米，再加适量水拌和一下，让混合泥在池中发酵，从而促进浮游生物及水生动物繁殖滋生，为鳝苗提供穴居条件和饵料。值得注意的是，混合泥中的有机肥不宜过多，也不能施放过迟，以免投放鳝苗后肥料继续发酵，影响水质。一般混合泥应在投放鳝苗前 1 个月左右准备好。

第二节　鳝苗放养

仔鳝刚孵化出来不能摄食，主要靠吸收卵黄囊的营养来维持生命活动。仔鳝的卵黄囊较大，需要 9~11 天才能全部消失。此时，仔鳝体长已达 23~24 毫米，颌长 1.2 毫米，即开始由内源营养转为外源营养，自由取食。此时可用煮熟的鸡、鸭蛋黄，用纱布包好，浸在水中轻轻搓揉，让鳝苗取食从纱布中流出的蛋黄液或颗粒，也可用蚯蚓碎片。黄鳝最好的开口饲料是丝蚯蚓，也捕食轮虫、枝角类、桡足类等。仔鳝出膜后 5~10 天即可放入池中培育。鳝苗的放养密度与鳝苗的生长与成活关系很大，合理密养可充分利用育苗池，节约饲料、肥料和人力。密度过大，会影响鳝苗的生长

黄鳝养殖关键技术精解

和成活率。一般应根据不同的培育方法、池的条件和鳝苗的体质而定。通常，每平方米可放养鳝苗 200～400 尾，多的 450 尾/米²。采用黄豆浆培育，水质比较稳定，饲料较丰富，放养密度可大些；采用肥料培肥水质，则放养密度可适当稀些。仔鳝的耐氧和耐饥力很强，仔鳝出膜后不喂食也可以生存 2 个月之久，但生产中不能这样做。时饱时饥也不行，因为这样会影响鳝苗的生长发育。

鳝苗放养时，要注意同一个育苗池必须放养同一批孵化出膜的仔鳝。否则，规格不一致，会相互影响，甚至相互残食。同时要注意，鳝苗下池时，孵化池和盛鳝苗容器的水温与育苗池的水温相差不能超过 3℃，否则会使鳝苗发病和死亡。如果温差太大，应慢慢相互舀水调节温度，或将盛鳝苗容器放入育苗池一段时间，待温度平衡后再倒苗入池。

第三节　喂养方法

黄鳝苗种的好坏直接关系到成鳝产量的高低，所以必须认真搞好饲养管理，培育出体质健壮、规格整齐的优质黄鳝苗种。多年来，各地在黄鳝养殖生产实践中，因地制宜摸索出了许多适合当地的培育鳝苗的方法。现综合介绍几种常见的培育方法。

一、综合培育法

鳝苗的开口饲料主要是枝角类、桡足类轮虫和无节幼体等，也可用鱼肉浆等动物碎片喂食。3 天后，即可投喂整条水蚯蚓。喂食要定时、定点、定质、定量。地点最好选在池子遮阴的一侧。日投喂量占鳝苗总体重的 10%～15%，每日喂 4～5 次。经 65 天左右的培养，鳝苗体长 30～50 毫米，稀养者大的可达 80～100 毫米。

鳝苗体长 30 毫米时，即可进行第一次分养。其方法是在鳝苗集中摄食时，用密眼捞网将规格较大、身体健壮、抢食能力强的鳝苗捞出放入新的育苗池，密度为每平方米 150～200 尾。此时可投喂蚯蚓、螺蚌肉、蝇蛆、少量麦麸、米饭、瓜菜等。日喂量占鳝苗总体重的 8%～10%，每天 2～3 次。

鳝苗长到 50～55 毫米时，可进行第二次分养。将规格较大的健壮鳝苗放入另一育苗池中培育，密度为每平方米 100～120 尾。投喂蚯蚓、蝇蛆、黄粉虫及其他动物性饲料，用量占鳝苗体重的8%～10%。

在充足的饲料和精心饲养管理等条件下，黄鳝苗当年体长可达150～250 毫米，体重 5～10 克，部分可达 15 克。

二、豆浆培育法

豆浆培育鳝苗的方法就是用黄豆或黄豆饼磨成浆来饲养黄鳝苗。其具体做法是：先将黄豆用水浸泡到豆瓣之间的凹隙胀平为宜，浸泡时间过长或过短都会降低出浆率。豆浆的浓度一般用黄豆1.25～1.5 千克，浸泡后加水 20～22.5 千克。磨好后，随即将浆汁泼洒池中饲养鳝苗。浆汁不能搁存太久，以防产生沉淀或变质。投喂时间应在早、晚为好，并采取少量多餐的办法，不宜一次投喂过量，以免使水质恶变。黄豆的用量，在鳝苗下池的头几天，每次每平方米用黄豆 45～50 克。以后视水质肥瘦和鳝苗生长情况，灵活掌握投饵量。在饲养中要注意如下情况：若突然遇到暴雨，一定要待雨停后再喂；如果鳝苗缺氧浮头时，需待恢复正常后再喂。浮头继续或严重缺氧时，则应停喂，并要马上加注新水，增加氧气。

豆浆培育鳝苗方法的优点是豆浆蛋白质等营养丰富，能满足鳝苗生长发育的需要；鳝苗吃剩下的豆浆又可肥水，培育浮游生物等鳝苗饲料，池水肥而稳定，容易掌握。而且培育的黄鳝苗种体质健壮。其缺点是成本较高，花工多，鳝苗入池的前几天因缺少富有营养的天然饵料而生长不快。

三、肥料培育法

肥料培育法是采用人畜粪尿经发酵沤熟施肥，用以培肥水质、培养鳝苗的饵料生物来培育鳝苗的一种方法。其具体做法是：在施基肥的基础上，一般每天投施经腐熟的粪肥一次，每 10 米^2 施畜粪 2 千克或人粪尿 100 克左右。用时要滤去粪渣，加水稀释，全池均匀施放。

肥料培育鳝苗法的优点是肥料来源广泛、成本低廉、操作方便，鳝苗入池后就有肥料培育的天然活饵料，有利于鳝苗的生长发育。其缺点是肥料在池中腐烂分解，容易污染水质，造成缺氧、鳝苗浮头、泛池，不利于鳝苗生活。同时，用肥料培育法，池水的水质肥度不易掌握。这也是其不利的一面。

四、肥料和豆浆结合培育法

肥料和豆浆结合培育鳝苗的方法，就是在鳝苗下池前 5 天左右，每 10 米² 施粪肥 100～150 克，培养供给鳝苗摄食的天然饵料。鳝苗下池的头几天，鳝池饵料是否充足是决定鳝苗成活率的关键。因此，要兼喂些人工饵料。每 10 米² 池每天可喂黄豆浆 50～100 克，以补充天然饵料的不足。以后每隔 3～5 天，每 10 米² 池施肥料 100 克左右。当鳝苗培育 10 天后，因食量增加，又需增投饲料，直接投喂豆浆即可解决鳝苗的需要。

肥料和豆浆两者相结合培育鳝苗，可相互取长补短。具体使用时可灵活掌握，如鳝苗下池水质不肥时，宜多泼些豆浆，使鳝苗吃饱吃好；当池水肥沃时，就不必再泼豆浆；当池水变瘦，所施肥料不能及时转化或在阴天气温低，肥料分解缓慢时，应多投些豆浆等饲料。

五、苗饵分养培苗法

如果鳝苗密度太大，可采用苗、饵分养的方法：在苗池保持一定的肥瘦，在鳝池以外开设饵料培养池，培养红虫（枝角类）、水蚯蚓、丰年虫等饵料生物，特别是水蚯蚓。水蚯蚓是鳝苗最喜吃的饵料，而且产量高，一亩面积能年产 2000～2500 千克，能满足一亩鳝苗养殖的需要，它们与鳝苗的生育期基本同步。丰年虫，来得快，在 26～88℃ 的条件下 40～80 小时即可孵出无节幼体投入使用。此虫现在市场已有休眠卵出售，操作也很方便。至于红虫或轮虫，可以单独培养，也可到红虫过剩的水体去捞取。将一些饵料生物从培养池按鳝苗饲喂的需要捞取，投入鳝苗培育池即可。

第四节　育苗池的管理

农谚："三分种七分管"。这句话同样适合于黄鳝养殖，尤其是苗种培育这一环节。因为鳝苗幼小嫩弱，抵抗力不强，对不良的外界环境条件适应性差。因此，只有加强培育，搞好日常管理，才能提高鳝苗的成活率，培育体质健壮、规格整齐的黄鳝苗种。

苗种培育中日常管理应重点注意如下工作。

一、保持良好水质

黄鳝对水质的要求是清爽、肥沃、含氧丰富且活饵多。为了保持鳝苗池的良好水质，必须加强池水管理，控制水质的变化。从鳝苗到鳝种，随着个体增大，隔几天需加换新水，逐渐加到水深13～16厘米为止。炎热的天气，需要经常酌情加注新水。注意，鳝苗池加水不要一次加满，而要分次进行。这样既有利于改善水质，扩大鳝苗的生活空间，增加水中溶解氧，又有利于鳝苗的生长发育。加水要在晴天和水温较高时进行。最好采取喷式或滴式加水。缺水区可用循环水。

二、调节适宜水温

夏天，在烈日曝晒下，池水增温很快，露天浅水处水温可达40℃以上，水泥池更高。为了防止鳝苗池水温过高，影响黄鳝的生活，应用鳝苗池的一半面积种植水浮莲、水葫芦、茭白、浮萍、芋头等水生植物，用以遮挡阳光，降低水温和泥温。平时鳝苗池水深应保持5～7厘米，盛夏高温季节水深要加深到10～20厘米。同时，要注意常换清凉水，并在鳝池放入较大的树根和石块，做些人工洞穴，以利鳝苗栖息避暑。还可在鳝苗池边搭棚种瓜菜遮阳，使池水尽量保持在25～30℃为宜。

三、经常巡池检查

每天早、中、晚都要巡池，观察鳝苗的活动及生长情况，及时捞除池中残渣剩饵和污染物。尤其在夏秋季节，遇到气候突变、闷热和气压低时会发生幼鳝出穴，更要加强管理，及时加注新水，增加溶氧量。此外，要注意除草，做好鳝病的防治工作，对不同规格的鳝苗要及时进行分养。

四、及时防治病害

在鳝苗培育过程中会发生一些疾病和敌害，必须事先进行预防，发现病害并及时治疗。其病害防治方法参见黄鳝常见疾病一章。

第五节　雄化育苗技术

针对黄鳝性逆转的特性，对其进行雄化育苗可加快生长速度，提高增重率。实践表明，黄鳝在雌性阶段生长速度只有雄性阶段的30％左右，也就是雄黄鳝的生长速度及增重率比雌性高一倍以上。因此，在生长较慢的鳝苗阶段喂服甲基睾丸素，使其提前雄化，可较大幅度提高养殖产量，取得较好的经济效益。

一、雄化对象

雄化对象以专育的优良品种为佳，在鳝苗腹下卵黄囊消失的夏花苗种阶段施药效果最好，雄化周期短；单重达 20 克左右的幼苗期开始雄化也可以，但用药时间要长些；单重达 50 克以上的青年期黄鳝进行雄化，要在入秋时才能进行，开春以后还要用药 10 天左右，效果才比较明显。

二、施药方法

夏花苗种阶段施药，前两天不投食，第三天喂给熟蛋黄，先将蛋黄调成糊状，每两个蛋黄加入含甲睾丸素 1 毫克的酒精溶液 25 毫升，充分搅匀后投喂，投喂量以不过剩为准，连续投喂 6 天后，改喂蚯蚓浆，用药量增加到每 50 克蚯蚓用 2 毫克甲基睾丸素（先以 5 毫升酒精溶解），连续投喂 15 天即可雄化。经此处理的黄鳝，一般不会再有雌性状态出现，投药期食台面积应比平时要大些，以免争食不均。如果对单条体重 15 克以上的幼苗进行雄化，以 500 克活蚯蚓拌甲基睾丸素 3 克的用药量连续投喂 1 个月即可完全雄化。

三、加强管理

雄化期间池内不宜施用消毒剂，但可施用氧化钙或生石灰，施药浓度为：春、秋季 5～10 毫克/升，夏季 10～20 毫克/升，施用前可用木棍在巢泥上插一些洞，以利有害气体氧化排出。雄化后的良种摄食量大为增加，投喂量应相应增大。

黄鳝养殖关键技术精解

第七章 成鳝养殖

第一节 养殖场的建造

一、场地的选择和改造

黄鳝对环境的适应性强，对水体、水质等要求不很高。既可以利用一般的池塘和水泥池，经改造后进行养殖，也可以利用不宜养殖的其他鱼类的废弃水体或不宜种植农作物的水坑、凼、沟渠、低洼地等进行改造后而饲养。可以在菜园的水沟放养还可以在养鱼池的周边台式圈养，黄鳝具有穴居、喜暗、喜温和善逃逸的习性。因此，在建设和改造鳝池时，必须选择冬天能保暖、夏天能避暑、避风向阳、土质良好、排灌方便，易于日常管理，并能保持常年有微流水，注入的水不含农药及其他有害物质的地方。目前农村发展养鳝生产，主要是利用农舍屋前、屋后的零星水面，如小池塘、水坑、凼、沟渠等所改造的鳝池，这样既充分利用荒闲水体，又可美化环境。如利用小型鱼池和积肥凼等养黄鳝，在池的周围搞好护坡，在进出水口做好防逃设备，即可进行养殖。池子的深度应在1.2～1.5米。养殖池内应放置些"假山"，或种植一些水生植物，如茭白、慈姑、水芋头、水芹等，种植植物占水面的 $1/3 \sim 1/2$。同时，鉴于黄鳝喜欢在石块或树根周围打洞的习性，可在鳝池中投放些石块或树根，为黄鳝的生长创造良好的生态环境，一般水深 $10 \sim 20$ 厘米，热天 $30 \sim 40$ 厘米，进出水口设防逃设施。

二、鳝池面积和形状

养殖黄鳝池面积大小可因地制宜和依据饲养量而设计。过大，不易管理，无法防逃的池塘不宜采用。一般 $1 \sim 10$ 亩的池塘较好，小型的养殖面积在 $4 \sim 5$ 米^2 亦可，较大规模的养殖可建成连片池组，每个池的面积在 $20 \sim 30$ 米^2，池深一般有 1 米左右即可，池与池不能相通串联，以防黄鳝越池。池内铺泥 $20 \sim 30$ 厘米厚，土质宜软硬适度，既便于黄鳝穿穴打洞潜伏，也不会因泥质太软而使洞穴淤塞。水层不宜太深，因为黄鳝昼居穴中，头不时伸出洞口探测食饵和呼吸空气。若水层过深，觅食和呼吸就得游出洞外，不利于生长。

三、鳝池结构

黄鳝池的结构要因地制宜，根据水源、土质、地形、养殖规模而定，鳝池的结构与放养后的逃跑率有密切关系。目前主要使用的有砖池、土池、水泥池等类型。底质较松软的土层处宜建砖池，以防黄鳝钻洞潜逃。鳝池的四周由砖或石头砌成，池子边缘要有防逃檐，以免黄鳝尾巴钩墙外逃。池的进水口、溢水口、出水口都应有防逃网罩。鳝池建成后，在池底铺上一层 $20 \sim 30$ 厘米厚的含有机质较多的肥泥或河泥青草制的泥土，在泥中掺和一些有机肥，以增加有机质。泥土硬度要适中，以利黄鳝穴居。饲养前灌注清水，水层深度保持 $10 \sim 15$ 厘米即可。鳝池可建成地上池，也可建成地下池或半地上池。一般黄河流域为地下池，南岭以南为地上池，长江中下游为半地下池。

水源条件好、土质坚硬的地方可以建土池，土池的面积可以比砖池大。从地面下挖 $20 \sim 40$ 厘米，挖出的土可用来在周围打埂，埂高 40～60 厘米，埂宽 60～80 厘米，埂堤要分层夯实，以防黄鳝打洞逃跑。这种形式适合劳力多、养殖量大的专业户。如开展大面积工厂化养鳝，选择有洁净水源的地方建池，养殖池分室外和室内两种，池面积为 20～30 米^2，池深 80～100 厘米，池内用水泥抹光，池埂上建宽 5～10 厘米的倒檐，配备蓄水池，养殖池排灌自如，池中放养水生植物，水生植物覆盖池面的 30%。家庭喂养黄鳝，可利用旧粪坑、积肥凼等加以改造利用。

第二节　苗种的选择和放养

一、黄鳝苗种的选择

放养的鳝种要求体表无伤、活动力强、体质健壮、规格整齐。由于黄鳝有大吃小的习性，所以放养的鳝种个体不能差距过大，最理想的规格是每千克有 30～50 条。这类规格的鳝种，购买时不仅节约资金，而且成活率高、摄食能力强，生长快，当年能上市；规格过小，摄食能力差，生长速度相对要慢；规格过大，增肉倍数较低，单位净产量不高，经济效益差。如从市场上采购鳝种，一定要注意检查鳝种体表是否受伤。一旦发现断尾、鳃骨处有伤痕、体表破皮、体色发白、活动无力的黄鳝，均不宜收购。用钓钩捕捉的黄鳝，口腔和咽喉部均有内伤，或体表损伤，成活率低，也不宜做种鳝。最好选用人工诱捕的野生幼鳝，注意不收电捕鳝、药害鳝、钩钓鳝，对笼捕鳝中发现伤残体弱以及肛门淡红色的也要坚决剔掉。体质好的苗种会极力朝水底钻，而站立在水中的鳝苗很可能处于僵硬痉挛状态。

黄鳝种分为三类。第一类是深黄大斑鳝，其体色深黄并杂有大斑点，这种鳝种长得快，个体大，食性广，繁殖率高，护卵性好，是养殖和选育种的最佳品种之一。缺点是有大吃小的习性。第二类是土红黑斑鳝，多分布于土质极肥沃的红壤丘陵地区，特别喜隐蔽，俗称"泥鳝"。其个体大、肥实、温驯，具有较高的药用价值，味道特别鲜美，但天然数量较为稀少，是人工养殖的最佳良种之一。第三类是青黄斑鳝，其体色青黄，易与深黄大斑鳝混淆，区别点在于青黄斑鳝斑纹稍细密，背部略偏青，深黄大斑鳝幼鳝则相反。该鳝长势一般，但较健壮，也具有人工饲养价值。还有一类体色灰，斑点细密，生长不快，比上述三种养殖价值低。如上述的鳝种都存在，则应该分开饲养。

此外，每年春夏季，在稻田、沟渠或浅水的泥穴中都可以捕捉到刚孵出的鳝苗和幼鳝作为种鳝。捕捉的方法以笼诱捕和手捉为好。盛放鳝苗和幼鳝的容器，可以用木桶。桶内放少许的水和柔软的草，将捕捉到的幼鳝和鳝苗放入桶中，然后大小分开放入育苗池培育。

二、苗种放养时间和密度

鳝池投放鳝种，一般待气温稳定在15℃以上时，放养时间宜早，因为黄鳝越冬后，体内营养物质仅能维持生命，需大量摄食，且食性广，此时放养，便于驯化，同时可延长生长期。

鳝种的放养密度，与鳝种的生长与成活的关系很大。因鳝种消耗的饵料和溶氧量都不太多，而合理密养就可充分利用育苗池的面积，节约肥料、饵料和人力。但密度过大，一方面黄鳝会相互争穴、争食，形成自相残杀；另一方面黄鳝排出的粪便和有害分泌物也会相应增多，造成鳝池水质恶化，影响鳝种的生长和成活率。一般说，应根据生态条件、不同的鳝种规格、培育方法、方式和鳝苗的体质强弱、管理水平而定。缺乏经验、管理粗放、水源条件差的水面每平方米放养体重25克的幼鳝100～150尾，即每平方米放养幼鳝2.5～4千克。若管理水平高，饵料充足，饲养条件好，每平方米可增加到200尾，即每平方米放养幼鳝5千克。有些地方放养亲鳝，因为黄鳝自繁能力很强，一次投放，可连续捕捉，捕大留小，不必再放鳝种。但饵料一定要投足，避免互相残杀。但常规的放养密度是每平方米2.5～3千克，放养的规格大，密度可相应降低，如果饵料充足，进、排水条件好，有一定的养殖经验，其密度可适当大些。

第三节　成鳝的饲养

养殖黄鳝获取高产高效，有五个方面的问题或环节值得引起重视。

一、适宜的环境

要在短期内把野生鳝驯化为能接受人工饲养的家鳝，必须尽量提供适应其栖息特性的生态环境，减少黄鳝的不适感。首先，养殖池要搭好遮阴降温棚，尽量不让阳光直接照射鳝池，保证夏天池内水温不超过32℃。其次，在搞好防逃设施的前提下，在鳝池内设置必要的土埂、土堆、石块、瓦杂等，使鳝种感到与野生环境没有区别。最后，根据黄鳝喜欢穴居的习性，预先在池内设置一定数量的洞穴，使黄鳝入池后很快有一个舒适的"新家"。因为黄鳝被人工从野外捕获后，大都要经过一段时间的暂养、运输，入池前还要进行消毒，这就必然会消耗黄鳝的大量体能，部分黄鳝入池后可能因体力不支而无法自行打洞入穴，长时间在池面上游动，影响成活率。

鳝池的底泥应以偏"瘦"为宜。在养殖密度较高的情况下，底质过肥会造成有机物丰富、细菌密度高，加之经过一段时间的饲养，黄鳝在池内排出大量粪便、黏液以及少量残饵等污物无法清除，致使有害细菌繁殖更快，一般药物难以控制，造成很高的发病概率。

二、严格选种

现阶段，人工养殖的黄鳝多取自野生，内外伤严重，病鳝、弱鳝多，选苗稍有不慎，在养殖中会造成很高的死亡率。首先，应剔除有伤痕的伤鳝和虽然痊愈但无尾巴的残鳝；其次，应剔除游动无力和腹部都有花纹、斑点的病鳝，体质好的苗种会极力朝水底钻，而站立在水中的鳝苗很可能处于僵硬痉挛状态；最后，即将产卵的雌鳝也不宜喂养。

黄鳝的养殖密度至关重要。密度过高，一方面黄鳝会相互争穴、争食形成自相残杀；另一方面黄鳝排出的粪便和有害分泌物也会相应增多，造成鳝池水质恶化，黄鳝经常发病，生长缓慢。鳝种的投放密度应视其规格而定：一般情况下，每尾 15～30 克的鳝种 100 尾/米^2，50 克左右的鳝种 80 尾/米^2，100 克左右的成鳝 30 尾/米^2。

三、优质饵料

黄鳝是以动物性食物为主的杂食性鱼类，对饵料的选择性非常强。在从事黄鳝养殖之前，就必须解决好饵料问题。动物性饵料虽然黄鳝喜食，但受季节、气候等限制，不能满足规模化养殖的要求；人工配合饵料来源较广，但驯食难度大，黄鳝一般不肯吃。如果是家庭小规模养殖，可考虑投喂动物性饵料，如蚯蚓、蝇蛆、蚌肉、小鱼虾等当地有资源的饵料；如果是规模化养殖，一般在 100 千克以上，就要考虑投喂配合饲料。

配合饲料要求适口、蛋白质含量高。其具体配制方法是在鳗料、鳖料或自制的饵料中，加入经过消毒后的活蚯蚓，一起粉碎拌匀，再制成颗粒状，30 克以下幼鳝制成绿豆大小；50 克左右黄鳝制成黄豆大小，当天配制当天投喂，以免发酵霉变。

配合饲料的驯食方法是在黄鳝入池的三四天后，先将池水排干，在池的四周设置好食盘，食盘的多少视鳝池大小而定，加入新鲜水，由于黄鳝处于饥饿状态，可在晚上进行驯食。一开始就直接用配合饲料。第一天驯食每个食盘可投饵 10～20 粒，一般幼鳝开口较快，成鳝开口较慢。次日早上检查，如果食盘内没有饵料，说明已有黄鳝开口，晚上可适量增加投饵量；如果食盘内未动，说明还没有黄鳝开口，早上可将食盘捞起，将饵料清除，晚上再继续驯饵，直到开口后再增加饵料。一般经过 5 天左右的驯食，基本上都会开口。每天的投饵量应视黄鳝的摄食情况而定，100 千克的黄鳝，大约每天摄食配合饵料 3 千克。气温高，摄食量大一些；气温低、阴雨天摄食量小些。每天投饵应尽量让其全部吃完，以免造成浪费，既污染水质，又影响效益。

驯饵成功后，投饵一定要坚持"定质、定量、定点、定时"的原则。定质是从驯饵开始，用什么饵料，以后就一直用什么饵料。定量是不要让黄鳝饥一顿饱一顿，过于饥饿会造成黄鳝争食，相互残杀，缺乏抗病、抗高温的能力，影响其正常生长；过量时，黄鳝会贪食而胀死，同时造成饵料浪费。定点是因为人工投饵很容易使黄鳝形成条件反射，固定的位置便于黄鳝在较短的时间内将饵料吃完，减少出穴觅食时间。定时是要尽量适应黄鳝觅食的习性，人工配合饵料一般不宜在白天投喂，一方面黄鳝有夜间出穴觅食的习性，白天活动少；另一方面，白天气温高，水温也相应较高，黄鳝白天长时间在穴外觅食，容易引起中暑昏迷。

四、经常防病

黄鳝的抗病能力较强，只要饵料充足，生长健康，一般不易得病。但若管理不善或环境严重不良，在高密度养殖的情况下，也会出现较多疾病。黄鳝一旦发病，一般药物难以控制。因此，一定要树立以防为主，防重于治的思想，坚持定期或不定期对鳝池水体进行全面消毒，把鳝池内的病菌、细菌控制在不能引发黄鳝致病的范围内。最经济实用的消毒方法是用 50 毫克/千克的生石灰对鳝池进行泼洒，也可用 1 毫克/千克的漂白粉交替使用。如黄鳝发病严重，出现浮头征兆，可用增加换水次数的方法控制鳝病蔓延。具体办法是早晚各换一次水，彻底排除池内污水，新水注满后，立即用生石灰水或漂白粉消毒，消灭残存在池内的病菌。

黄鳝放养初期，有少数可能因环境不适，或受伤出现局部或全身红肿充血，最后染病死亡。这种症状一般是正常的，但必须坚持每天换水消毒。同时将病鳝、死鳝捞起，防止出现病毒性感染，引发出血病。最好不要随便用内服药物治疗，因为已经得病的黄鳝是不会摄食的，而健康的黄鳝可能因摄入含有药物的饵料后出现应激反应而造成新的死亡。此外，对少数患有寄生虫病的病鳝可将其捞起进行处理，切忌用药物对所有黄鳝进行治疗，谨防健康的黄鳝因药物中毒而大批死亡。

五、改善水质

鳝池水质的好坏是养鳝成败的关键。要求清新，溶氧充足，在水深 15～20 厘米的情况下能见到水底。因为黄鳝除了靠鳃呼吸外，还有咽腔和皮肤进行辅助呼吸。水中溶氧充足，黄鳝白天静卧洞内，完全不必将头伸出水面呼吸，有利于其生长。在气温较高的情况下，洞内温度明显低于水面，黄鳝白天不出穴，也可减少染病机会。

六、加强管理

鳝池的日常管理十分重要，严格的管理，可以随时发现和掌握情况，及时处理。一要加强水质管理，发现池水混浊不清应立即更换新水；二要搞好水温控制，高温季节水温应不超过 30℃，极限不能超过 32℃；三要认真做好巡池检查，发现有浮头征兆及时换水消毒，发现病鳝，白天出穴游动无力的弱鳝、死鳝应立即捞起处理，防止病毒感染，发现敌害应立即除掉；四要做好每天摄饵情况记录，为次日投饵提供准确的依据；五要加强工具消毒，在一个池内使用过的工具最好用石灰水浸泡一下后再在其他池使用；六要加强安全管理，严防黄鳝逃逸，特别是暴雨天气，谨防漫池；七要搞好越冬管理，底泥不能过于干枯，既防冻死，又要防闷死。

第四节　几种常见的养殖方法

各地在黄鳝养殖的生产实践中，摸索出多种新的养殖方式和方法，各具特色和优点，现分别介绍如下。

一、静水有土饲养法

（一）建池

鳝池形状可因地制宜，若是方形，最好填去池角，使池角成弧形，黄鳝在暴雨天或者晚上，一般在池角处聚集现象，会造成不良后果。水深 10 厘米，水面以上需留 30～50 厘米高。池底最好是水泥底，池壁用水泥和砖砌成，内壁要光滑，池壁要高出地平面 10 厘米以上，防止雨水直接流入池内。池沿砌成向池内伸出的倒檐（宽 5 厘米以上），以防止黄鳝逃跑。若是挖池处土质较硬，黄鳝钻不进洞，可以在池底和池壁加一层厚 5 厘米以上的三合土，打实。但接近地面处要用砖砌高出水面 10 厘米以上。进水口用竹管或塑料管做成，高出水面 30～40 厘米。排水口一般安装在泥底线下，以能将水全部排出为宜。以排水口向池安一条 80～100 厘米的橡皮管，可以随时移动管口高度调节水的深度，管口安装网套防鳝逃跑。皮管口是溢水口也是排水口，可以排低也可以排干，以便每天进新水时随时可将污水溢出，又能保持水深。排水口要设在进水口对侧。在池底铺 30～40 厘米厚含有机质较多的泥土，土层软硬要合适，使黄鳝既能打洞又不会闭洞。铺好泥后，将鳝池水注满，浸泡 2～3 天，然后将水排出再加满清水浸泡 3～4 天，脱碱。浸水排干后，再加水到 10 厘米深，就可放入鳝种。最好是先在池中试养几条黄鳝或小鱼，放池后在 3～4 天一切正常时，才将鳝种投放。室外的养鳝池，可以在池内种一些芋头、慈姑、茭白等，用于黄鳝遮阴和栖息。还可在池边上搭架种丝瓜、南瓜、葡萄等藤蔓植物，其藤蔓延伸棚上，既可遮阴降低池水温度，也可防鸟类的危害。

（二）放养

放养时要将大小不同规格的鳝种分池放养。其密度要根据黄鳝种规格和水源条件而定。一般每尾在 20～25 克的规格，水源条件好的鳝池每平方米可放养 3 千克，水源条件差的放养 2～2.5 千克。4 月中旬放鳝种，11 月底可收捕，成活率可达 90% 以上，每千克可达 8～10 尾重，最大的可长到每千克 6 条左右。

（三）投喂饵料

从自然环境中捕捉来的鳝种，由于不适应人工饲养的环境，一般不吃人工投喂的饵料，需经一段时间的驯养，才能逐渐摄食。其驯养的方法是，鳝种放养 3～4 天不投饵，再将池水放干，灌入新清水。黄鳝已处于饥饿状态时，可在晚上进行引食。引食的饵料最好选用黄鳝最喜爱吃的蚯蚓浆成分的饵料，分成几小堆，投放在近进水口处，并适当进水，造成微流。

投饵量：第一次的投饵量为鳝种总重的 1%，第二天早上检查，若全部吃光，则投喂量可增加到总体重的 2%，在水温 20～24℃ 时投饵量可增加到体重的 3%～4%。若当天的饵料吃不完，必须将剩饵捞出，次日仍按前一天的投饵量投喂，直至正常吃食，驯饲就算成功了。养鳗的配合饲料喂黄鳝是最好的，在黄鳝已习惯吃人工投喂的饵料时，由于摄食量比较大，而且能将大块的饵料吞入，造成消化不好，几天不摄食，甚至胀死。投饵时一定要将饵料切碎，做到量少次多，一天投喂 2～3 次，每次投饵时间相隔 4 小时左右，以 1 小时内吃完最好。投喂的饵料要新鲜无毒，可以煮成熟饵。发病死亡的动物肉、内脏及血等，不能投喂。投饵的最好办法是集中在鳝池的进水口处投饵，便于饵料下水后其气味流遍全池，黄鳝会集中吃食。因黄鳝有晚上食饵的习惯，所以驯饵最好选择晚上，但晚上投饲操作不方便，待驯饲形成生活习惯后，投饵的时间向后推迟 2 小时，以后可再延迟到上午 8～9 时投饵 1 次，下午 14～15 时投饲 1 次。若投饵后 2～3 时有剩余的话，要将残饵捞出，避免污染水质，之后可适当减少投饵量。在正常情况下，投饵后 1 小时之内已经食完的话，说明投饵量太少，应适当增加投饵量。投饵量还应根据天气的变化、水温的高低而变化，如阴天、闷热、雷雨天的前后，水温高于 30℃ 或低于 15℃ 时，都要适当地减少投饵量。室外鳝池遇下雨天一般不投饵。黄鳝生长最快的水温是 25～28℃，此时要适当地增加投饵量，而且要投喂质量较好的饵料。为增加动物性的饵料来源，可在鳝池上挂 3～8 瓦的黑光灯，灯泡离水面 5 厘米，引虫落水，使黄鳝吞食；也有将肉骨、腐肉、臭鱼等放在筐中，吊在池上，引诱苍蝇产卵生蛆，蛆掉入池中增加黄鳝的活饵料。

（四）管理

1. 水质管理

黄鳝饲养池水浅，水质易恶化，能引起黄鳝停食，并易患各种疾病。因此，鳝池的水质管理最好有微流水。鳝池内的残食和黄鳝的粪便，很容易使池水污染变质，所以要多换水，正常情况下 2～3 天换 1 次水，天热时每天换 1 次水，并清洗食物和污染的地方，将污物随水流排出；进水的温度要尽可能与池水温度一致，水温差不能超过 3℃。水质好，黄鳝在吃食时，就会发出"吱吱"声，特别是晚上声音更清晰，可以根据黄鳝吃食的声音来判断水质的好坏。

2. 做好防逃工作

要经常检查各进、出水口的防逃设施，及时发现是否损坏，以便及时修理。在下雨时，特别是雷雨天，应防止雨水流入池中黄鳝随水流逃窜。

3. 调控温度

高温季节一定要采取降温措施，遮蔽日光的直射、加强通风、在池四周喷水等。气温下降时要注意保暖，如防风和用薄膜覆盖保温等。

4. 做好防敌害工作

主要是防止鸟、兽、蛇、鼠等敌害的危害。

（五）防病

关键是加强水质管理和保证饵料新鲜，适量投饵，不擦伤鱼体，则黄鳝发病率较低。若发现死鳝应及时捞出，发现细菌性疾病，用 1 毫克/升的漂白粉全池消毒。发现寄生虫病可用 90% 晶体敌百虫 0.4～0.5 毫克/升全池泼洒杀灭。泼洒药液后，要注意观察黄鳝的活动情况，发现黄鳝不适应需及时换水。

（六）捕捞

当水温10℃以下后，黄鳝就不再吃食，这时可开始捕捞出售。捕捞时先用手抄网捕，捕得差不多时将水放干再用手捕。若是打算养到春节出售，可将水放干，使黄鳝全部钻入土中，然后在上面覆盖湿草包或稻草保温，或种上豆瓣菜，既可保温也可净化水质，还可固着泥土，到春节时翻土捕捉。捕得的黄鳝要迅速用水冲洗干净，再暂养在浅水容器内（如大木盆、木桶、缸、水泥池等），一天换2～3次水，待黄鳝体内食物排出，就可起运销售。运输时，容器内不要装得太多，以免挤压，途中避免吹风，以保持鳝体湿润。

二、黄鳝塑料大棚无土流水养殖

常规的池塘养殖，易发生疾病且黄鳝冬眠影响常年养殖。用塑料大棚养殖黄鳝可以一年四季连续生产，无土流水养殖可有效地控制疾病，使效益成倍提高。黄鳝最适宜的生长温度是27～30℃。

采用塑料大棚，不用专设采暖设备，在春、夏、秋棚内温度都易保持这一温度，即使在寒冬，棚内平均温度也能达到20℃。饲养池中保持微流水，水质不会恶化（图7-1）。

图7-1 黄鳝塑料大棚无土流水养殖

塑料大棚无土流水养殖主要有以下两种方式。

（1）开放式 适合长年有温流水的地方建池。优点是流量稳定，适于较大规模的经营。饲养池用砖和水泥砌成，每个池的面积为 5～10 米²、大的 10～20 米²，池深为 40 厘米，宽 1～2 米，池埂宽 20～40 厘米。在池的相对位置设直径 3～4 厘米的进水管、排水管各 2 个。进水管与池底等高；排水管一个与池底等高，一个高出池底 5 厘米。进、排水管口均设金属网防逃。

（2）封闭循环过滤式 适宜在大城市或水源缺乏的地方使用。其优点是饲养用水可以重复使用，耗水量较少，便于控制温度，但投资稍大。饲养池的建法与开放式相同。另外需建造曝气池、沉淀池，增加一些净水设备、抽水设备和加温设备。塑料大棚的建造与普通大棚相同，最好每个单元放在同一个大棚内，这样便于管理。

采用塑料大棚无土流水养殖这种饲养法，由于水质清晰，只要饲料充足，黄鳝一般不会逃逸。注意防止鼠、蛇等天敌危害。

饲养一段时间后，同一池的黄鳝出现大小不均，要及时分开饲养。

饲养池建好后要试水放鱼，每平方米放 30 克左右的鳝苗 4～5 千克，视鳝种规格的大小而确定重量，规格小的可多放，规格大的可少放。最好采用人工繁殖的苗种。从 4 月养到 11 月，成活率在 90％以上，达到每千克 6～10 尾的规格。喂全价配合饲料，经四五个月的饲养，70％个体可长到 100 克以上，饲料系数为 1.5～1.8。

鳝种放养 2～3 天，不肯吃人工投喂的饵料，需要用蚯蚓、蚌、螺肉等驯饲，方法和投饵量同静水有土饲养法。投饵时要适当加大流水量，将饲料堆放在进水口处，这样黄鳝就会戗水抢食。

此种饲养法，每天要保持流水 10 个小时，同时要注意排污等。由于水质清新，饵料充足，黄鳝不会逃跑。平时应注意保证水流畅通，并防止漫池，防止鼠、蛇等敌害。要加强日常管理，保持黄鳝栖息的良好环境。室外池池面保持 1/3 的漂浮植物，用竹筒或泡沫塑料拦于进水区。通过一段时间的饲养，如发现有大小不均，要及时将大小黄鳝分开饲养。

由于塑料大棚流水无土饲养法的水质始终清新，黄鳝摄食旺盛，难以生病，既可增加单位放养量，又可达到生长快、饵料系数低、起捕操作方便等目的，所以在建池时投入较高，但养殖经济效益比较好。

三、稻田养鳝的方法

稻渔共作（图7-2）是将单一的水稻种植和单一的水产养殖结合起来，从而达到高效生态的目的，将节约土地资源、减少化肥使用、促进水稻安全生产以及提高水产品质量三者有机结合的生态农业种养模式。由稻渔共作拓展出稻田养鳝、稻田养虾、稻田养蟹和稻田养鳖。

图7-2　稻田养鳝

利用稻田养殖黄鳝，成本低、管理方便，既增产稻谷，又增产黄鳝，是简易的增收致富有效途径。近几年，这一新兴的生产项目在我国部分地区的农户中正在兴起。2015年数据表明，湖北的稻鳝共生、稻虾共生面积为全国之最。一般稻田养殖每平方米产黄鳝0.5～2.5千克，可促使稻谷增产6%～25%。稻田养殖黄鳝多采用垄沟式养殖方式，即在垄上种稻，沟中喂鳝，是种植业与养殖业结合的立体农业模式。

为了获得高产，垄沟式仍应开挖鱼沟、鱼凼，一般在垂直于垄沟方向开1～2条鱼沟，用鱼沟连接鱼凼，形成沟沟相连、凼沟相通的水网结构。稻在垄上，水、肥、气、热通畅，根深叶茂；鱼在凼沟，水宽饵足，个大体肥，稻鳝共生，各得其所，增效机制来自于边缘效应。

邵乃麟（2015年）通过黄鳝-克氏原螯虾-水稻共生养殖，使其水稻产量 314.0 千克/亩，黄鳝产量 139.6 千克/亩，克氏原螯虾 58.1 千克/亩，空心菜 20.3 千克/亩，亩产值 14910.5 元，亩利润达 6713.4 元。

1. 稻田的整理

稻渔共生系统的水深在 10 厘米和 15 厘米时对水稻不同时期的茎蘖数和株高没有显著性影响；水深在 15～25 厘米范围内，水深对水稻产量和鱼产量影响不显著。因此，稻鳝共生、稻虾共生的池塘水质调节很大一部分依赖于池塘内的水稻。水稻能大量消耗黄鳝的排泄物、腐殖质以及水体中大量的富余营养盐，促进了肥料良性循环，促进分解，降低水中氨氮和硫化氢的积累，维护水体平衡，减少耗氧，这对于养殖黄鳝、虾是极为有利的。

田块选择，应是旱涝保收的稻田，田埂加固，不漏不垮，能排能灌。面积不超过 1000 米² 为宜。水深保持在 10 厘米左右即可。稻田周围用纱窗布或塑料薄膜围栏，先铲去田埂内侧浮土，切一深槽将 80 厘米的纱窗布或薄膜下插 20～30 厘米深，回泥压实，可防逃、防打洞、防漏水。稻田沿田埂 50 厘米开一条围沟，田中挖"井"或"田"或"十"字形鱼溜。一般宽 30 厘米，深 30 厘米。在稻田中央或者在稻田进水口处挖一个占稻田面积 4% 左右的溜，深 50 厘米。所有沟与溜必须相通。开沟挖溜在插秧后，可把秧苗移栽到沟溜边。进、排水口要安好坚固的拦鱼设施，以防逃逸。

2. 放养和管理

放养鳝种是 50 克左右的每平方米放 3～5 尾，25 克左右的每平方米放养 5～10 尾。插秧后禾苗转青时放养鳝种。稻田养鳝管理要结合水稻生长的管理，采取"水稻为主，多次晒田，干干湿湿灌溉法"。即前期生长稻苗水深保持 10 厘米，开始晒田时，将黄鳝引入溜凼中；晒完田后，灌水并保持水深 10 厘米至水稻拔节孕穗之前，露田 1 次。从拔节孕穗期开始至乳熟期，保持水深 6 厘米，以后灌水和露田交替进行到 10 月。露田期间围沟和沟溜中水深约 15

厘米。养殖期间，要经常检查进出水口，来防水口堵塞和黄鳝逃逸。

3. 投饵及培养活饵

稻田养鳝的投饵，与其他养殖方式有所不同。所投喂的饵料种类与一般养殖方式相同，投喂的方法不同，要求投到围沟或靠近进水口处的凼中。

稻田还可就地收集和培养活饵料，如诱捕昆虫。

沤肥育蛆：用塑料大盆2～3个，盛装人粪、熟猪血等，置于稻田中，会有苍蝇产卵，蛆长大后会爬出落入水中。

水蚯蚓培养：在野外沟凼内采集种源，在进出水口挖浅水凼，池底要有腐殖泥，保持水深数厘米，定期撒布经发酵过的有机肥，水蚯蚓会大量繁殖。

陆生蚯蚓培养：将有机肥料、木屑、炉渣与肥土拌匀，压紧成35厘米高的土堆，然后放良种蚯蚓太平2号或木地蚯蚓1000条/米^2。蚯蚓培养起来后，把它们推向四周，再在空白地上堆放新料，蚯蚓凭它敏感的嗅觉会爬到新饵料堆中去。如此反复进行，保持温度15～30℃，湿度30％～40％就能获得大量蚯蚓。

4. 施肥

基肥于平田前施入，按稻田常用量施农家肥；禾苗返青后至中耕前追施尿素和钾肥1次，每平方米田块用尿素3克，钾肥7克。抽穗开花前追施人畜粪1次，每平方米用猪粪1千克，人粪0.5千克。为避免禾苗疯长和烧苗，人畜粪的有形成分主要施用围沟靠田埂边及溜沟边，并使之与沟底淤泥混合。禁用碳胺，黄鳝对碳胺敏感。

5. 黄鳝起捕

稻田黄鳝的捕捞方法很多。利用黄鳝喜在微流清水中栖息的特性，可采取白天关水晚上排水的方法，夜晚黄鳝随水逃逸在鱼溜处安网片，在缺口安网箱，定时起网可收捕50％～60％。也可在田沟处用麻袋和编织袋内散碎螺、蚯蚓诱捕。最后稻谷收割以后，每年11～12月，黄鳝开始越冬穴居，这时也是大量捕捞黄鳝的好季节。先将稻田中的水排干，待泥土能挖成块时，翻耕底泥，将黄鳝翻出拣净，按规格大小不同分开暂养、商品鳝暂养待售。种鳝和鳝苗应及时放养越冬，以利明年生产。

四、网箱养鳝法

网箱养殖黄鳝，即利用聚乙烯（或尼龙线）网制成适宜规格的网箱作为养殖空间，在网箱中投放以人工培育的鳝种，进行饲养管理，最终生产出商品黄鳝。目前，网箱养殖是人工养鳝最好的方法。

采用网箱养殖黄鳝具有以下优势。

① 投资较小。一般一口底面积为 10 米² 的网箱，制作成本在 100 元左右，一次性投入不大，而且还可使用 3 年左右。

② 方便在鱼塘开展黄鳝养殖。在鱼塘中设置网箱，养鳝养鱼两不误，可有效利用水面，只要合理安排，对池塘养鱼没有明显影响。

③ 规模可大可小。网箱养殖可根据自身条件，规模可大可小。从一只到数百只甚至千只以上，投资几百元至上百万元均可。

④ 操作管理简便。因网箱只需移植水草，劳动强度小，平时的养殖主要是投喂饲料和防病防逃，管理项目少，简单方便。

⑤ 水温容易控制。网箱放置于池塘等水域中，水体较大，夏季炎热时水温不会迅速上升，更不容易达到 30℃ 以上的高温。

⑥ 养殖成活率高。网箱养殖由于水质清新，水温较为稳定，因而养殖成活率较高。

目前网箱养鳝分为浅水有土网箱养鳝与深水无土网箱养鳝两种。

（一）浅水有土网箱养鳝

浅水有土网箱养鳝，是一种将网箱套置在浅水池塘或者稻田中（图 7-3），并在箱内铺放厚 15～20 厘米土层的人工养鳝方式。这种方式既具有土池养鳝快速生长的优点，也具有水泥池养殖管理和捕捞较方便的长处。

图 7-3　浅水有土网箱养鳝

1. 稀泥铺垫

浅水有土网箱养鳝，在套置网箱前，必须在池塘底铺垫一层厚 10 厘米左右的无菌稀泥，然后将网箱置于稀泥上，再在网箱中铺放一层风化土，这样可防止套箱内的土层板结，有利于黄鳝打洞潜伏、避暑和越冬。铺垫池底的稀泥，应选择既要有丰富的腐殖质，又不太污浊的。当其备用稀泥的田块选好后，须在其田内用生石灰 1 千克/米³ 水体消毒一次，7 天后干田掏泥进行铺垫。池塘底铺垫稀泥后，再用 50 毫克/升的生石灰消毒一次，5～7 天后排水、套置网箱。

2. 网箱套置

网箱面积以每口 8～10 米² 为宜，网宽 3 米、长 3 米、高 0.8 米（水上、水下各 0.4 米）。网质要好，网眼要密，网条要紧，以防逃鳝。网箱并排设置在水深 0.6 米以上的池塘中，两排网箱中间搭竹架供人行走及投饲管理。网箱的设置面积不宜超过池塘总面积的 50%，否则易引起水质恶化。

3. 土层铺放

浅水有土养鳝网箱内，应选择有机质丰富、团粒结构好、充分分化的黏性土壤做土层。实践证明，以旱田或菜园地表层土壤最为适宜。切不可取死黄土、淤泥、污泥和树根多、草根多、瓦砾多的土壤。土层铺放厚度 15 厘米以上，并要使土层基本平整，以减少同一箱内的泥土温度和水温的差别。

4. 水草移植

网箱中移植适量水葫芦、水花生等水草，让其生长最终覆盖面积占网箱面积的 75%～80%，以净化水质、调节水温，为黄鳝的生长栖息提供一个良好的环境。

5. 食台搭建

食台是供黄鳝摄食饲料用的小台。一般用木板制成小长方形的框架，框底为聚乙烯编织围成，食台固定在箱内水面上的 0.1 米处。也可将食台制成边框为 0.5 米、高 0.1 米的方框，框底和四周用筛绢布围成。食台一般 10 米^2 的网箱设置 1～2 个即可。

（二）深水无土网箱养鳝

深水无土网箱养鳝（图 7-4），一般是在水面宽阔、水位较深的水域中套箱。网箱沉水深度为 70 厘米左右，网箱底部完全无土，黄鳝完全栖息在箱内水生植物浮排上。其优点是：黄鳝生长快，病害少，便于管理，易于捕捞。缺点是：清残困难，越冬易遭冻害。

图 7-4 深水无土网箱养鳝

由于黄鳝对水质要求较高，一般饲养方式，放养密度较小，所以直接限制其养殖产量和经济效益的提高。而广大农村众多地区具有丰富的河沟资源，这些水域水体流动，水质清晰，是黄鳝生活的理想场所。

1. 河道或池塘的选择

应要选择水源无污染，四季水位稳定，水体流动的河道设置网箱，水深在 0.8～1.0 米为宜；若利用池塘，则应选择水源充足，水质优良，进排水方便，环境安静，交通便利，电力配套齐全的池塘。面积达 5～15 亩，池深 1.8～2 米即可。

2. 池塘消毒和放养鱼种

所有用来网箱养鳝的池塘均需在布置网箱前用生石灰进行彻底的清塘消毒。一是为了提高池塘利用率和改善水质，要在池塘中适当养殖滤食性花白鲢和鲤鱼；二是通过清塘消毒杀死容易导致黄鳝生病的各种病原体。具体做法，在鱼种放养前 10 天，排干池水，池底留水 10 厘米左右，在池底均匀开挖若干小坑，每亩使用 150 千克的生石灰溶于各小坑中的水中，均匀泼洒全池池底和塘埂内壁，并用耙子将生石灰水和池底泥混合成浆，杀死底泥中的病原生物。一周后，在进水口设置 40 目过滤网袋过滤注水。鱼种放养以适当投放滤食性鱼类和杂食性鱼类为主，抑制池塘水体富营养化，一般每亩投放当年夏花 150～200 尾，其中白鲢 75～100 尾，花鲢 20～25 尾，鲫鱼 50～65 尾，鲤鱼 5～10 尾。

3. 网箱设置

养殖网箱设置网箱为敞口式，其规格为 2 米×2 米×1.5 米，箱体材质为优质聚乙烯无结节网片，网箱上下八个角用毛竹打桩固定，用砖块做沉子。安装时，网箱口高出水面 50 厘米，箱体入水 70～90 厘米，箱底距池底 50 厘米以上。根据池塘走向，网箱呈纵向串联式相连，横向相距 3 米，整齐排列。网箱的箱挡朝着进排水方向，便于水体交换，水质调控。

（1）网箱消毒　网箱下塘前，用 20 毫克/升的高锰酸钾或 15% 的漂白粉溶液对网箱消毒处理 20 分钟。

（2）网箱浸泡　首次投入使用的网箱应于苗种入箱前 30～40 天放置池塘中，一是浸泡网箱消除聚乙烯的毒素，使其附着足够量的藻类，避免黄鳝鱼种入箱后擦伤，引发疾病；二是为移植水生植物做好准备。

4. 移植水草

箱内放水葫芦、水浮莲，所放数量以覆盖箱内 2/3 水面为宜。在整个生长季节，若放养的植物生长增多，要及时捞出，始终控制在 2/3 水面。移植的水草也应在入箱前用 10 毫克/升漂白粉消毒处理 30 分钟，预防寄生虫、病原微生物、野杂鱼虾和卵入网箱。

5. 放养及饲养管理

放苗时要消毒处理，每 50 千克水加入 1.25 千克食盐，搅拌均匀，浸洗苗种 5～6 分钟即可。一般当水温上升到 14℃以上就开始放苗，放苗时间早，则养成时间长，但在 5 月中旬前放养结束比较适宜。放养以 50 克重的鳝种较好，放养密度依季节和规格大小而定。早期苗可稀放，养到一定规格后就分箱饲养，放养密度为每平方米放 0.5～1 千克为宜。晚期苗可放密些，放养过程不再分箱，放养密度为每平方米 1～1.5 千克。为避免大鱼吃小鱼现象发生，鱼苗种入箱时要进行分类，各箱的规格尽量基本一致。箱内搭配饵料台，用高 10 厘米、边长 30 厘米的塑料筐制成；筐底用聚乙烯网布铺一层，防止饵料流失。

6. 黄鳝的驯食

黄鳝是凶猛性肉食鱼类，喜食新鲜活饵，且对饵料有较强的选择性。放养的野生鳝苗种，在人工养殖时，首先要进行人工驯食，使之适应人工养殖环境，吃食人工配合饲料。一般做法是苗种下箱时让其饥饿 3～4 天后，开始在傍晚投少量黄鳝喜爱吃的鲜鱼糜（将蚯蚓、野杂鱼、螺蛳肉剁碎加工而成）。经过几天的投喂，基本开口吃饵，这时就开始搭配少量鳝鱼专用的配合饲料，与鲜饵浆拌匀成面团状投喂，再后来逐步增加配合料减少活饵料比例，直至全部采用人工配合料。在驯食期间，投饵的时间由傍晚投喂逐步驯食到白天投喂，方便管理。投饵量由开始的 1％增加到 4％～5％。驯食阶段一般要 15 天左右，这半个月的驯食是影响黄鳝成活率的关键期，只有顺利驯食，打好基础，养殖成功才有保障。

7. 搭养泥鳅

驯食结束后，每个网箱搭配投放泥鳅 0.5～1 千克，泥鳅苗用 3％～5％的食盐水消毒 10 分钟，泥鳅上下窜动，可减少黄鳝之间的缠绕，降低黄鳝发病率，又可充分利用残饵，提高经济效益。

8. 日常管理

投饵时必须注意定时、定点、定质、适量。

（1）定时　投饵时间一般安排在下午 18～20 时，投饵量主要看季节、水温、天气情况以及黄鳝的摄食情况灵活掌握。在适宜成长季节，一般日投饵量为黄鳝体重的 6%～8%，水温低于 10℃时，停止投食。杨帆（2011 年）通过研究不同投喂频率对黄鳝设施率、特定生长率、饵料效率、体重分化、鱼体组成的影响，得出结论：黄鳝生长受投喂频率的影响，每天投喂 4 次是黄鳝养殖的最佳投喂频率。

（2）定点　经驯食投饵一段时间，黄鳝都会集中在投饵位置的周围等待摄食。一般在网箱内设置一个投饵点，将投饵点位置的水草弄一个凹下水面碗口大的窝，将饵料放入窝内，一半浸在窝内水中，一半露出水面，既诱食，又便于观察和不浪费饲料。

（3）定质　养殖黄鳝投喂的动物性饵料或是人工配合饲料都要求质量上乘。配合饲料的粗蛋白质含量应在 40% 以上，饲料的各项营养指标均要符合黄鳝的生长要求。

（4）适量　正常情况下，干饵投饵率为 2%～5%，鲜饵在50%～10%，投饵多少应根据季节、天气、水质和鳝鱼的摄食状况适当调整，一般控制在 2 小时吃完为度，吃不完的饲料应及时清除干净。切不可饥饿。杨代勤（2007 年）的研究表明：饥饿对黄鳝胃、前肠、后肠和肝脏的蛋白酶、胰蛋白酶、淀粉酶和脂肪酶活性均有一定影响。随着饥饿时间的延长，4 种消化酶的活性均不断下降，且在饥饿的第 5～10 天活性下降幅度最大，会严重影响黄鳝生长，因此日常管理应规范谨慎。

9. 水质管理

水质的好坏直接影响黄鳝的摄食生长及疾病的发生。养殖过程要保持水质"肥、活、嫩、爽"，要求 pH 值 6.5～7.8，透明度30～40 厘米。水质管理方法，一是及时换水，一般是排出1/3～1/2的老水，再加注新水，一般半个月一次，高温季节每周一次，但要保持水质相对稳定，水质优良时应尽量减少换水次数；二是调节水质，必要时可以使用水质改良剂，如每半个月泼洒一次鱼虾爽或其他改良水质的微生物制剂，或是每亩定期泼洒生石灰 10 千克调节水质。如为河道活水源，则需要定期监测水质，每半个月到一个月检测一次。唐生标（2007 年）通过在黄鳝养殖池中施用乳酸杆菌，得到以下结论：施用乳酸杆菌的含量为 3.0 毫升/米^3 时，养殖池水的溶氧显著升高；随着施用时间的增加，水体的 pH 值逐渐降低，使水体呈弱酸性环境；当乳酸杆菌的施用量为 2.4 毫升/米^3 时，水体的亚硝酸盐含量显著降低；当乳酸杆菌的使用量为 0.6 毫升/米^3 时，能显著降低池中 NH_4^+-N（游离态氨）的含量。总的来看，当乳酸杆菌在黄鳝养殖池中施用含量为 0.6 毫升/米^3 时，能对养殖池中的水质起到一定的改善作用。陈芳（2008 年）也用芽孢杆菌对水体施用，得出芽孢杆菌在提高溶氧量、降低亚硝酸盐含量、游离态氨的含量方面，最佳有效期为 9 天。

10. 生产管理

（1）坚持每天早、晚巡塘巡河查箱，仔细察看箱体有无破损，随时掌握黄鳝活动情况，发现异常立即处置。及时捞除箱内残饵、腐烂水草、死鳝尸体，及时测量水温、溶氧、pH 值，测定水质，做好养殖生产记录。

（2）搞好疾病防治　由于网箱养殖属于集约化养殖，一旦黄鳝发病，传染快，死亡率高，因此，必须做好鳝病防治工作。

（3）网箱保养　在每天清理饵料后，检查网箱的接口及箱体网片是否有漏洞、缺口。此外，每月洗涮箱体 1～2 次，以防附着在箱体的藻类、杂物阻筛网目，影响箱体内外水质交换。

（三）网箱养鳝遇到的问题及对策

1. 苗种的选择及放养

（1）苗种来源　由于黄鳝个体怀卵量较少，虽然人工繁育成功，但苗种规模化生产却难以推广。因此，目前苗种的主要来源还是野生苗种，最佳的苗种应该是笼捕的。但在实际操作中多数苗种来源还是靠贩子收购的，这些苗种有笼捕的，难免也有钩钓的，其至电击的，这就要求投放苗种时认真挑选。从品种上来看，黄斑鳝应该是生长最快的。当然，更不要相信什么"特大鳝苗"等虚假广告，以免上当受骗。

（2）苗种放养

① 放养时间。放养时间应充分考虑当地的苗种来源、影响成活率因素及饵料来源供应状况。一般 5 月中旬左右，水温升到 14℃左右放养合适。

② 放养。苗种放养应注意到以下几个方面。

第一，苗种应尽量就近选购，既可减少运输提高成活率，又可避免带来外地的病菌。

第二，放种最好选择晴天进行，雨天等天气突变时应避免放种。

第三，放种时应用 3% 的食盐水浸 10～15 分钟，消毒、杀灭体表寄生虫，这一点很重要。

第四，浸泡的同时将受外伤（受刺激乱跳）的及半死不活的苗种挑出。

第五，苗种放养一周后，应及时清除体内寄生虫，可用鳝虫清等药物拌饵投喂，连喂 3 天。

2. 网箱的选择与放置

黄鳝生活在网箱里，网箱环境的好坏直接影响到黄鳝的生长。

（1）网箱规格　一般选择聚乙烯类无结节网片作为制作网箱的材料，高约 1.5 米，早期的养鳝网箱设计多为 15 米^2，实践中起箱等操作较困难，后来多改为 8～10 米^2，便于管理。

（2）网箱放置　一般采用"一字形"放置网箱，箱与箱间隔 1 米以上，行与行间隔 2 米以上，用木桩固定。总的网箱面积不应超过水体面积的 50%，有的养殖户（特别是用稻田改造成鱼池的）网箱放置超过 70%，这很不可取。网箱下水前应仔细检查（特别是旧网箱），重点部位在四角，有可能因为一个小洞而导致整个网箱黄鳝逃掉。

（3）水草放置　放苗前要在网箱内移植干净的水花生或水葫芦

作为黄鳝的栖息场所，应尽可能避免带入水蛭。笔者认为水花生根系发达且不易被冻死，效果应比水葫芦好。

3. 饲料选择与投喂

（1）饲料选择　黄鳝是以动物性饵料为主的杂食性鱼类，一般书本上介绍的饵料品种很多，实际中既要考虑黄鳝的适口性、经济性，又要考虑饵料供应的连续性。黄鳝最喜欢的饵料要属蚯蚓与河蚌肉，但实际中很难大规模供应，只能作为黄鳝的开口饵料或者诱食剂。

本地最适宜的鲜饵料要属鄱阳湖的野杂鱼（主要是经济价值较低的小鲤鱼等）。在规模化养殖中，笔者建议采用鲜野杂鱼加黄鳝专用膨化料混合的方式投喂，既减轻劳动强度，又减少饵料对水质的污染，也许还能提高养殖效益。

（2）投喂方式　有人介绍每天投喂两次，上、下午各一次。实际上，网箱养鳝基本上采用傍晚一次投饵，将鲜杂鱼绞碎拌入膨化料后投放于水草上，每个网箱可选 1～2 个固定投放点。投放苗种 5～7 天后开始喂食，刚开始驯食有个过程，宜少量，以后逐渐加量，正常情况下，鲜杂鱼为网箱中黄鳝总重量的 3％～5％，膨化料为 1％～2％。

4. 病害防治

野生环境下，黄鳝的发病率很低。日常生活中，放少数黄鳝在桶内一两个月不给吃也不会死，因而有人认为黄鳝不怎么生病。

实际上网箱养鳝这种高密度养殖很容易发病，弄不好会血本无归。黄鳝的病害主要有寄生虫病、出血病、肠炎、发热病等，其中寄生虫病好治一些，其他的细菌性、病毒性疾病则很难治疗，因为黄鳝一旦发病会出现整个网箱都闭口不食，治疗起来非常困难，内服药难起作用，仅靠水体消毒又起不了多大作用。因此，预防发病才是整个养殖环节的关键。

（1）做好放苗时的消毒杀虫及前期驱虫。

（2）搞好水质调控，定期使用二氧化氯等刺激性小的药物进行水体消毒，还可以使用微生物制剂调节水质。

（3）定期使用三黄粉、氟苯尼考等内服药品拌饵。

（4）后期在饵料中添加保肝护胆类药物，防止肝胆综合征。

（5）每天及时清理残饵。

5. 防止鼠害

水老鼠是网箱养鳝的一大天敌，防治鼠害尤为重要。一般老鼠咬破网箱的位置在水面上下几厘米处，只要留心容易发现，还有可能老鼠从这个网箱进那个网箱出，造成相邻的几个网箱被咬破，容易出现黄鳝逃跑事故。为此，应当做好以下几点。

（1）经常在养鳝池四周用鼠夹捕鼠和投放鼠药灭鼠。

（2）做到每天早上检查网箱，发现箱内有残饵应及时捞出，并分析检查原因（有可能是发病，有可能是破箱逃跑）。

（3）提起网箱四角，上下检查，发现网箱有洞应当及时修补。

6. 黄鳝的越冬

一般情况下，春节前后黄鳝价格较好，因此，做好黄鳝的越冬管理很重要。可将网箱降低让箱底紧贴池底，黄鳝可以钻入泥土中，这样即使水面结冰也不会冻死。根据笔者的经验教训，并箱易导致大批黄鳝越冬死亡。因此，建议尽可能不用并箱，以免惊动它造成不适出现死亡。

五、庭院式饲养法

庭院养殖黄鳝面积可大可小，几平方米的养殖池即可养殖黄鳝，占地小，投资省，见效快，收益大，现将庭院式饲养法介绍如下。

（一）黄鳝池的选建

黄鳝池最好选在通风、向阳、有水源的房屋附近；面积视养殖规模而定，多数在 $5 \sim 20$ 米^2；形状可设计为圆形、长方形或正方形。黄鳝池最好用砖石砌成，水泥沙浆勾缝，土池需用三合土填底；池深 $1.0 \sim 1.5$ 米；进、出水口均需打开，且都必须设置防逃网；防逃网最好使用不锈钢材质，既耐用，又有利于水质清洁。为了防止黄鳝外逃，池壁顶部要用砖块砌成"T"字形；池坎顶部应高出水面 30 厘米以上。由于黄鳝喜欢打洞，池底需铺石块、砖头或树根等，再在上面垫一层 30 厘米厚的泥土；泥土可选用含有机质较多或用青草、牛粪沤制的土壤，这种土壤的土质松软适度，便于黄鳝打洞潜伏；另外，选用的泥土不能过稀，否则会发生黄鳝混穴、相互干扰乃至相互残杀的现象，不利于黄鳝的生长。新建的黄鳝池，需灌满水消毒 7 天后放干，重新注入新水并放试水鱼（鲢鱼苗或鳙鱼苗）以测试池水有无毒性，在确定池水无毒后，再放入黄鳝种苗进行养殖。池水一般保持在 10～15 厘米，池水面可适当放养水葫芦或水浮莲等水生植物（其放养的面积要求在 50% 以下），既可为黄鳝遮阴，又能降低水温，有利于黄鳝生长。

（二）黄鳝种苗的来源和放养

黄鳝种苗最好从正规的鱼种场购买，其次是到自然的河流或水塘中捕获，最后是在市场上采购。不管是哪种途径获得的黄鳝种苗，都要求其体格健康、无伤无病、无寄生虫等。池水温度稳定在 15℃ 以上，即可投放黄鳝种苗。投放的黄鳝种苗要求规格整齐，大小不同的黄鳝种苗必须分池饲养。放养前必须用 3%～5% 的食盐水浸泡 15～20 分钟，或用 15～20 毫克/升高锰酸钾溶液消毒 5～10 分钟，以杀灭黄鳝种苗体表的病原体。选用 40 尾/千克的黄鳝种苗，放养密度以 3 千克/米² 为宜。为了充分利用池中的残余饲料，保持泥土中水和空气的畅通，防止黄鳝因密度过大，发生混穴、相互缠绕和鳝病的现象，可在池中混养泥鳅，其放养密度为 8～10 尾/米²，泥鳅在池中上下窜动，可改善水体环境，增加溶氧量。

（三）饲养管理

1. 科学投喂

黄鳝是以肉食为主的杂食性鱼类，特别喜欢吃鲜活饲料，如小鱼、虾、蚯蚓、蚕蛹、畜禽内脏等，平时也可投喂米糠、麦麸、瓜果等植物性饵料。当水温稳定在 15℃ 以上时，黄鳝开始摄食；25～30℃ 时摄食旺盛。因此，5～9 月是黄鳝的摄食盛期，生长季节要加强投喂，一般投饲量为黄鳝体重的 3%～5%；在生长旺季的 6～8 月，投饲量可增加到 6%～7%。根据黄鳝夜间觅食的习性，可在下午 16 点以后或傍晚投饲，投喂时必须严格按照"四定投饵"原则进行投喂，每天投喂 1～2 次即可。

2. 水质调节

黄鳝喜欢生活在水质清新、溶氧充足的水体中，在低氧条件下其生长发育将受到严重影响。特别是在高温低气压的夏天很容易发生缺氧现象。当发现黄鳝经常将头部伸出洞外，摄食量减少，即表示水中缺氧，应及时更换池水。春秋季节 6～8 天需换一次水，夏季 2～3 天换一次水，换水量为池水总量的 1/3，若长期有微量流水流通则较为理想。冬季要注意防寒，池水温度降到 15℃以下时，黄鳝开始钻入泥土层深处越冬，越冬时间一般会延续到翌年 2 月。在越冬期间，应放干水，并在泥土上面铺一层稻草，以保持泥土的湿润度和土层中的温度。池水水位最好保持在 10～15 厘米，不宜超过 20 厘米；在无冰冻时，也可把水位加深到 50～60 厘米，以帮助黄鳝安全越冬。每天都要清除池中的残饵和杂物，以保持池水长期清新。

（四）日常管理

一要加强水质管理，更换新水，要经常检查进、出水口处的防逃网是否有漏洞。二要搞好水温控制，一般在高温季节应搭建遮阴物。在池四周搭架种植南瓜、黄瓜、丝瓜等藤生植物，既能防暑，又能吸引昆虫等落入池内而被摄食。三要及时清除残饵渣滓，防止腐烂、变臭。四要认真做好检查，发现有浮头征兆应及时换水，发现病鳝、死鳝应立即捞起处理，防止病原传染。注意防止猫、蛇、畜、禽等伤害。五要在雷雨时及时排水，严防水漫逃鳝。

（五）疾病防治

黄鳝抗病能力强，很少生病，饲养期间每隔 15 天用 350 毫克/千克生石灰水消毒 1 次，或用 1 毫克/千克漂白粉溶液全池泼洒，能有效预防疾病。黄鳝一般有毛细线虫病、打印病、肠炎等疾病。

（六）收获

捕获黄鳝的方法主要有钩捕、网捕、笼捕及干塘捕等。其中，前三种都是把蚯蚓、猪肝等黄鳝喜欢吃的饵料放在鱼钩、网内或笼内进行诱捕；干塘捕就是把池水放干，待泥土能挖成块状后，用铁锹依次翻土取鳝，捕大出售、留小作为第二年鳝种。翻土时应尽量避免鳝体受伤。

六、生态型饲养法

生态养殖黄鳝不但能较好地解决水质控制和饵料供应问题，而且成本低、方法简便、效益高。采用生态养殖法饲养黄鳝具有高密度、高产量、高效益的特点。

1. 选塘

以 0.5～10 亩的池塘较好，2 亩左右为最佳。池塘还应具备以下条件。

（1）水源无污染、大小适宜的天然水塘，且塘水常年清新而不干涸。最好是可见到已有野生黄鳝生长或能养（已养）其他鱼类的池塘。

（2）池塘既能进水、排水，又能防逃。对选好的池塘要适当进行人工整理，以达到改善水质、便于饲养管理、更利于黄鳝生长等目的。

（3）池塘整理后每亩用 5～10 千克新鲜生石灰清塘，在放养前兑水全池均匀泼洒。

2. 建池

选用池深 1.5 米、坡度 75°的池塘，用水泥抹光，池四周高 1 米左右，池内浮泥深 30 厘米，池底为黄色硬质池底。将浮泥每隔 1 米堆成高 25 厘米、宽 30 厘米的"川"字形小土畦，池塘内周围留宽 1.5 米左右的空地种草。

3. 培养蚯蚓

土畦堆好后，使水沟中的水保持在 5～10 厘米深。每平方米土畦投放蚯蚓 2.5～3 千克，并在畦面上铺 4～5 厘米厚经过发酵的牲畜粪，作为蚯蚓的饵料。以后每隔 3～4 天将上层牲畜粪铲去，重新铺一层。如此反复，经 14 天左右，蚯蚓已大量繁殖，即可投放鳝种。培养蚯蚓可为黄鳝提供春、夏、秋季的大部分饵料。

4. 鳝种投放

清塘 20 天后放养。每亩放养 10 克左右的鳝苗 6500～7000 条。无病、无伤、健壮的鳝苗可直接下塘饲养，病、弱、伤、黏液少的鳝苗不可投放。初次放养时，要选择大小一致的鳝种，以后通过自然繁殖，可不再投放种苗。肥水塘可不投或少投饵料，瘦水塘适当投喂。饵料种类为蚯蚓、蝇蛆、小鱼、黄粉虫、米饭、糠麸及切碎的青菜等。

5. 管理

（1）饵料明显不足时，需补充饵料，可补喂螺、蚌肉及混合饵料。饵料过剩时，要及时将饵料打捞出池。

（2）田螺摄食土壤中的微生物、硅藻类及鱼类残饵，黄鳝长大后可吞食较大的田螺。因此，应根据饵料情况补充种螺。

（3）水深保持在 10 厘米左右，并一直要有微流水；同时做好防逃、防病、防敌害等日常管理工作。

6. 捕捞

鳝种投放后，第二年元旦收获。收获时放干池水，用手翻开土垛和池泥收获；也可采用笼捕的方法，晚上放笼，早上起笼。实行捕大留小，周年繁殖，1 次放养，年年获益。每隔 2 年左右捕获 1 次。每平方米可产商品黄鳝 2～3 千克。利用此法养殖黄鳝，用工少、成本低、效益高，口味同野生黄鳝一样。

七、黄鳝泥鳅套养

1. 建好黄鳝、泥鳅养殖池

饲养黄鳝泥鳅的池子，要选择避风向阳、环境安静、水源方便的地方，采用水泥池、土池均可，也可在水库、塘、水沟、河中用网箱养殖。面积一般 20～100 米^2。若用水泥池养黄鳝泥鳅，放苗前一定要进行脱碱处理；若用土池养黄鳝泥鳅，要求土质坚硬，将池底夯实。养鳝池的形状依地形而定，能方则方，能圆则圆，池深0.7～1米，无论是水泥池还是土池，都要在池底填肥泥层，厚30厘米，以含有机质较多的肥泥为好，有利于黄鳝和泥鳅挖洞穴居。建池时注意安装好进水口、溢水口的拦鱼网，以防黄鳝和泥鳅外逃。放苗前10天左右用生石灰彻底消毒，并于放苗前3～4天排干池水，注入新水。

2. 选好黄鳝、泥鳅种苗

养殖黄鳝和泥鳅成功与否，种苗是关键。黄鳝种苗最好用人工培育驯化的深黄大斑鳝或金黄小斑鳝，不能用杂色鳝苗和没有通过驯化的鳝苗。黄鳝苗大小以50～80尾/千克为宜，太小摄食差，成活率也低。放养密度一般以每平方米鳝苗1～1.5千克为宜，黄鳝放养20天后再按1∶10的比例投放泥鳅苗。泥鳅最好用人工培育的，成活率高。

3. 投喂配合饲料

安装饲料台，饲料台用木板或塑料板都行，面积按池子大小自定，低于水面5厘米。投放黄鳝种苗后的最初3天不要投喂，让黄鳝适应环境，从第五天开始投喂饲料。每天下午19点左右投喂饲料最佳，此时黄鳝采食量最高。人工饲养黄鳝以配合饲料为主，适当投喂一些蚯蚓、河蚌螺、黄粉虫等。人工驯化的黄鳝，配合饲料和蚯蚓是其最喜欢吃的饲料。配合饲料也可自配，配方为：鱼粉21%、饼粕类19%、能量饲料37%、蚯蚓12%、矿物质1%、酵母5%、多种维生素2%、黏合剂3%。采用人工培育的深黄大斑鳝种苗，用配合饲料投喂，投喂量按黄鳝体重的3%～5%，每天投喂1～2次，采用定时、定量的原则，饲养20千克的黄鳝苗一年可长到200～300克，养殖效益高。泥鳅在池塘里主要以黄鳝排出的粪便和吃不完的黄鳝饲料为食。泥鳅自然繁殖快，池塘泥鳅比例大于1∶10时，每天投喂一次麸皮即可。

4. 饲养管理黄鳝泥鳅

生长季节4～11月，其中旺季5～9月，在这期间的管理要做到"勤"和"细"，即勤巡池，勤管理，发现问题快解决；细心观察池塘里黄鳝和泥鳅的生长状态，以便及时采取相应措施。保持池水水质清新，pH 值 5.5～6.5，水位适宜。

5. 鳝病以预防为主

黄鳝一旦发病，治疗效果往往不理想。必须无病先防、有病早防、防重于治。要经常用浓度 1～2 毫克/升漂白粉全池泼洒，定期用硫酸铜药物预防疾病。

八、黄鳝二年段养殖模式

随着网箱养鳝的不断发展，养殖技术的日益成熟．创新养殖模式已成为提高网箱养鳝效益的重要手段。小网箱养大黄鳝生产模式是一种典型的高效养鳝模式。这种模式就是两年养殖模式，即当年收购的鳝种．饲养至次年底出售。与一年养鳝模式相比，增加了一年的养殖时间，提高了成鳝规格，提升了鳝鱼的品质和价值。近年来许多养殖户采用这种方式取得了较好的经济效益。现将其技术要点讲述如下：

（一）搞好网箱制作与安装

网箱选用聚氯乙烯无节网片。成鳝网箱面积为 4～6 米^2，黄鳝苗种网箱 1～3 米^2，网箱设置密度为总水面的 1/3～1/2，网箱入水深度 50～80 厘米，出水高度不低于 50 厘米；网箱固定采用木桩与铁丝，也可使用竹竿，上纲绷紧，下纲松弛。放种前 7～10 天，网箱下水浸泡．使其附着藻类，避免鳝鱼入箱时摩擦受伤。鳝箱内要移植水花生、水葫芦等水草，其覆盖面积达网箱面积的 90％左右。

（二）严把清塘消毒关

3 月之前干塘晒池 10 天左右，改善池底土壤结构，杀灭有毒有害物质，严把清塘消毒关。网箱安装好后，在放种前的 10～15 天，用生石灰进行清塘，生石灰用量：干法清塘 75～100 千克/亩；带水清塘 150～200 千克/亩；水草进箱前用 2％～3％食盐或 10 毫克/千克漂白粉对水草进行浸泡消毒，消除水蛭。

（三）合理确定放养密度

网箱面积 6 米^2，放养密度 250 尾/箱左右。4 米^2 放养 180 尾/箱左右。若有不足，在年底或第二年 3～4 月，选择晴好天气。根据各箱鳝鱼规格及成活情况，对箱内鳝种规格和密度作适当的调整和补充。保持放养密度 230 尾/箱左右和 170 尾/箱。1 米² 的小网箱 8 月之前投苗，通过饲养 2 个月后开始停食，到次年的 4 月中旬选择晴天（至少 5 天以上）分箱，由小网箱分到大网箱，大小分开，规格整齐。投放数量为 1.5 千克/米²，4 天以后开始驯食。

同一网箱，要求鳝种规格一致，体差异小于 10 克，并且一次放足。

（四） 搞好驯食与投喂

鳝鱼对环境变化及食物气味极为敏感。市场选购的天然野生鳝种，人工养殖时，入箱后必须进行摄食驯化。摄食驯化包含两个阶段，即开口驯化和摄食驯化。

1. 开口驯化

鳝种入箱后，第 4 天傍晚开始喂食，饲料定点放于箱内水草上，投喂量为鳝鱼体重的 1%，1 次/天；对摄食完全的网箱，第二天再增加体重的 1% 投喂量，依次类推，当投喂量达到鳝种体重的 5%～6% 时，开口驯化完成。

2. 摄食驯化

开口驯化成功后，在动物性鲜饵料中加入 5%～10% 的配合饲料，待鳝鱼适应并完全摄食后。再日递增配合饲料 15%～20%（动物性饲料每减少 1 千克，配合饲料添加 0.2 千克代替），直到符合两种饲料（动物饲料和配合饲料）事先确定的配比为止。

3. 投喂量

摄食驯化成功后，即进入正常的饲养管理阶段。日投饵率：鲜饵 7%～10%，或配合饲料 1%～3%，1 次/天。具体日投喂量要视气温、水温、水质、剩饵、摄食速度等情况灵活掌握。

（五） 加强越冬管理

养好大规格鳝鱼，越冬管理是重点。一是不要随便进行翻箱、分箱操作；二是保证水位深度，加厚箱内水草；三是严防偷盗和鼠害。冬天野外食物缺乏，老鼠特别喜欢蹿到网箱内捕食鳝鱼；四是经常检查网箱有无破损。

（六）提早开食

第二年3月中上旬，当水温达到15℃时，开始投喂箱内鳝鱼。饲料投喂：第二年不需进行摄食驯化，可直接投喂配合饲料，但考虑到鳝鱼刚刚渡过冬天，体质虚弱，开始投喂时，可部分或全部投喂鳝鱼喜食的动物性鲜饵料（鱼或蚯蚓），以利于诱导鳝鱼尽快开口摄食，恢复体质。进入正常的饲养后，按上年饲料投喂。但是一定要适当控制投饲量。最高的投饲量不得超过10%。

（七）水质调节

改造养殖环境，重点调剂好水质，由静水养殖改为流水养殖，特别是在高温季节，不断加水，使池水进行循环，避免高温带来的不利因素。

（八）做好疾病预防

鳝鱼在自然界很少生病，但在人工饲养条件下，由于养殖密度高，生态条件发生了改变，特别是养殖初期，鳝鱼既要适应环境，又要恢复体质，容易导致疾病。因此在管理中，一是要注意改善池塘和网箱的水体环境；二是投喂饲料要适口；三是在7~9月，每15~20天用生物制剂调水质，同时每半个月投喂一次药饵。

第八章　黄鳝的病害防治

第一节　鳝病发生的原因及其诊断

　　黄鳝生活在水体环境中，在野生状态下有极强的生命力和活力，这是自然长期进化和适应的结果，但在人工养殖条件下，不可能完全模拟黄鳝自然生活环境，在人工高密度养殖时，许多潜在的不适应、水体以及相互的影响是引起黄鳝生病的原因，也就是说，在人工养殖条件下，黄鳝还是容易发病的。

一、黄鳝发病的原因

1. 条件不适宜

　　黄鳝养殖起步较晚，系统的技术资料刊载不多，养殖生产中有相当一部分养殖者对黄鳝的生态习性了解甚少，因此，在规划、设计和建池时没有考虑防治鳝病的特殊要求。如选址不当，取用水源水质不好，灌排系统不畅，或没有独立的进排水道，生产中容易造成一池发病、多池感染，再如人工养殖条件下，不少单位和个人设计的水泥池、砖池、网箱定标水位太深或太浅。太深时，黄鳝上下活动频繁，体能消耗过大，体表黏液分泌失调，易感染发病，同时不利于黄鳝呼吸、生长；保水深度太浅时，尤其是夏季易造成水表面温度长时间偏高，而导致黄鳝摄食量下降，甚至死亡，秋季易发生温差过大而扰乱了黄鳝的正常生理功能，降低免疫力，常导致黄鳝"感冒"或大批暴病死亡；网箱养殖时，网箱中培植的水草过少，或根本没有水草，不利于黄鳝穴（隐）居和调控水温，亦是导致黄鳝养殖失败的原因之一。

2. 消毒不彻底或未消毒

黄鳝养殖生产中的消毒应包括鳝种、水体、饵料消毒等。一是鳝种未经选择和消毒，无论是自繁的鳝种，还是从市场上购买来的鳝种均可能带有致病菌、寄生虫、病毒等，即使是健壮的鳝种也难免有一些病原体寄生，一旦条件适宜，便大量繁殖而引起发病。所以，放养前必须进行严格消毒。在市场上购买的鳝种常有钩钓的、体表明显伤残或体质消瘦的，最好在买时就予以剔除。二是养殖水体的消毒，包括放养前的消毒和日常消毒。放养前水体消毒对于养殖新区、老区均不例外，尤其是养殖多年的鳝池（或水域），放养前没有进行消毒或消毒不彻底，是导致黄鳝发病的一个原因。随着集约化养殖水平的提高，在高密度养鳝池中，黄鳝的大量排泄物和死鳝的尸体的分解，这会导致产生危害黄鳝的微生物和一些病害中的中间宿主的繁衍，如平时不经常对水体消毒，则是造成自身污染的必然结果。三是投喂新鲜的动物性饵料（如螺、蚌肉、小鱼、蜘蛛等）时，往往是未经消毒处理而直接投喂，这增加了有害生物对黄鳝的危害机会。食场或投喂点内常有残余饵料，如不及时清除，其变质腐败后为病原体的繁殖提供了有利条件，在水温高、吃食旺季、疾病流行季节最易发生这种情况。

3. 密度过高，规格不一

首先，鳝种运输密度过高，装运时间过长，在装运途中，鳝种群体集中挤压，如不能适时处理，黄鳝体表的黏液聚积发酵，使容器中的水温急速上升，鳝体体表黏液的防御功能遭到破坏，有害致病菌急速感染，往往造成黄鳝入池后数天内大批死亡，有的死亡率高达100%。其次，饲养密度过高会使黄鳝长时间处在应急状态之下，黄鳝分泌黏液的速度加快，若不及进换水或换水有死角时，同样会引发黄鳝生病死亡。再次，目前养鳝生产中，不仅放养鳝种密度很高，且鳝种来源不一，大小悬殊，这容易引起互相咬伤而引起细菌或霉菌感染。

4. 投饵不当

投饵过多、不足或突然改变饵料品种，均会导致鳝病发生。投饵量特别是劣质饵料或是新鲜动物饵料过量，易使水质恶化，促使有害病菌大量繁殖；投饵不足时，黄鳝经常处于饥饿状态，黄鳝虽极耐饥饿，完全由饥饿死亡的情况很少，但容易导致互相残食，引起外伤，从而降低抗病能力。黄鳝食性特别，以最开始投喂的饵料为理想食品，习惯投喂后，如突然改变饵料品种，将导致黄鳝吃食很少或不吃食，单一饵料投喂亦不能满足黄鳝的营养、生长需要，容易引起某种营养成分缺乏，导致黄鳝消瘦乏力，游动缓慢，常常滞留洞外，严重时更能引起生病或衰竭而死。

5. 有害物质的进入

随着工农业生产的发展，人口增加，如不注意环境保护，工厂中有毒废水、农田中的农药、生活污水大量流入养殖水体及自身防治鳝病过量的用药等，均会引起鳝中毒、畸变，甚至不明原因的大批死亡。一般新建水泥池脱碱处理不完全、消毒时过量用药或时间过长、稻田防治病害用药无选择或方法不当，均易引起中毒，或引起富集而影响黄鳝的商品质量。四种常见非菊酯类农药对黄鳝的急性毒性作用以阿维菌素最高，草甘膦铵盐最低，四种农药使用的安全浓度：草甘膦铵盐 423.9 微升/升，丙威-毒死蜱 5.534 微升/升，井冈霉素 0.282 微升/升，阿维菌素 0.35 微升/升。因此，在稻鳝共生养殖模式中，黄鳝增养殖期间，根据实际需要，严格操作使用阿维菌素，减少其他敏感农药使用。施用农药时应尽量多地提高稻田水位，或可采取一面喷药，一面换水的措施，喷洒时稻田水位从高到低为井冈霉素、阿维菌素、丙威-毒死蜂、草甘膦铵盐，使进入水体农药量在安全浓度范围内，减少对黄鳝的影响。

二、鳝病的诊断

诊断黄鳝疾病的方法很多，在实际生产中，目检是检查鳝病的主要方法之一。目检也就是用肉眼观察诊断，根据病鳝的摄食、活动情况，结合其体内外特征变化，综合考虑，做出判断。常见的发病部位主要表现在体表和内脏上，目检能直接观察到病状和寄生虫情况。为了有效地治疗鳝病，要对鳝病进行正确的检查和诊断，才能对症下药，这是在治疗中收到较好效果的最重要的一环。诊断鳝病的步骤和方法如下。

1. 现场调查

到现场详细了解黄鳝生长的表现和周围环境情况及操作方法，是正确诊断鳝病的重要一环。患了病的黄鳝，体质瘦弱，体色变黑，活动较缓慢，离群独游。有的黄鳝在池中表现出不安状态，上窜下跳，急剧狂游；有的黄鳝群沿池边狂游打圈；有的相互缠绕，甚至有死鳝出现。这就要了解寄生虫的侵袭或水中所含有害物质的状况，了解水质变化的原因，了解饲养管理情况。黄鳝发病与饲养管理不善有关。比如施肥量过大，商品饵料质量较差，投饵量过多等，都容易引起水质变化，产生缺氧，引起黄鳝死亡。

2. 肉眼检查

及时从鳝池中捞出病鳝或刚死的黄鳝，按顺序从头部、嘴角、眼睛、体表、鳝尾等仔细观察。从体表上很容易看到一些大型病原体，如水霉。用肉眼看不到的病原体，就需要根据其病状来鉴别。如鳝体发青黑色，口腔充血，肛门红肿突出，大多是肠炎病。鳝体外表局部发炎出血，出现黄豆或蚕豆大小的红斑，严重时表皮呈漏斗状小窝，体表明显出血，表皮腐烂，是赤皮病。肉眼检查时应注意：有时病鳝的症状往往有几种病一起并发，所以，在肉眼检查时，应仔细检查，认真分析。

3. 肠道检查

解剖鳝体，取出肠道，从前肠剪至后肠，首先观察粪便中是否有寄生虫，然后用水将食物和粪便冲洗干净，如发现肠道全部或部分充血，呈紫红色，则为肠炎病。

4. 镜检

镜检就是用显微镜、解剖镜、放大镜进行检查。镜检是在肉眼可见的病变部位做进一步检查。一般是根据目检时所确定的病变部位进行。在此基础上，进行全面检查。小鱼体表可直接用显微镜检查；大鱼则从病变部取少量组织或黏液，可加少量的普通水，如是内脏组织则需用 0.85% 的生理盐水，再盖上盖玻片，并稍加压平，在显微镜下进行观察。在没有显微镜的情况下，可用倍数较高的放大镜，一般需要多检查几个不同点的组织。肉眼看不见的病原体须用显微镜才能查出结果。农户应将刚死的病鳝全部用湿布包好，迅速找附近的水产科教和技术推广部门诊断治疗。

第二节　鳝病的预防

黄鳝生活在水中，在实际养殖生产中，黄鳝发病之初往往难以发现，一旦发病症状明显，再进行治疗，不但操作比较麻烦，而且会给养殖生产带来一定的经济损失。人工养殖黄鳝一定要贯彻"全面预防，积极治疗"的方针，采取"无病先防，有病早治，防重于治"的对策，在预防措施上，既要注意消灭病原，切断传染途径，又要在提高黄鳝抗病力上下功夫，即采取综合性预防措施，才能达到理想的效果。

黄鳝发病以后，病鳝一般没有食欲，药饵难被病鳝服用，在养殖水体中泼洒药物也并非万能，投药饵或泼洒药液治疗，实质上只是挽救养殖群体中没有发病或病情甚轻的黄鳝。因此，要减少鳝病发生和提高养鳝产量，必须以预防为主，从源头抓起，重视养鳝生产的全过程，才能达到预期的防病效果。

一、鳝池的设计和网箱的设置必须符合防病要求

选址建场（池）首先要考虑水源、水质均应满足生产需要，做

到进水方便，换水彻底，建有独立给排水系统。养殖区域的确定同时要考虑年度水位、流量的变化不宜过大，以微流为最好。池深或网箱深度量在40～50厘米为宜，过深、过浅（池塘套养除外）都不利于黄鳝栖息、生长。

二、药物消毒，定期预防

新老鳝池、稻田、池塘、网箱设置区等养殖水体每年均应进行彻底消毒，每立方米用漂白粉20克或生石灰100克或溴氯海因0.5克，也可用2.5～5.0克高锰酸钾冲洗鳝池，待药性消失后投放鳝种。已经发生过鳝病的池，最好替换底泥，以杜绝细菌性疾病的发生。购进挑选后的鳝种放养前必须消毒，通常用2%～3%的盐水浸洗10分钟或用0.7毫克/升的硫酸铜、硫酸亚铁合剂（5：2）浸浴5～10分钟，可有效杀灭大部分寄生虫和致病菌，具体浸洗时间可视水温高低、黄鳝的忍受程度而增减。动物性鲜活（或冷藏的）饵料可用盐水浸泡，养殖过程中定期用10毫克/升漂白粉对食场、用具消毒，可起到较好的预防效果。

三、加强春、秋季管理

夏季当水温超过30℃时，黄鳝处于不适状态，尤其是洼塘、网箱内必须栽植一定密度的水草，既有利于夏季遮阴降温，又有利于黄鳝隐居、栖息，闷热暴雨天气应适时加注新鲜水，秋季午前适量换水降温，换水也应注意温差不宜超过5℃，有条件时，夏、秋两季可用遮阳网栽植丝瓜、扁豆、葡萄等遮光降温，为黄鳝创造最佳生长条件。

四、根据养殖模式来确定适宜的放养密度

一般鳝苗培育宜选用小水泥池，水深10～20厘米，池中养些浮水植物，每平方米放入孵出的鳝苗800～1000尾，每饲养一个月后分疏密度一半，3个月即可进入成鳝养殖。成鳝养殖过程中，要求放养规格整齐，有条件的也可分2～3个不同规格梯度饲养，防

止大小悬殊而自残。池养或网箱养殖时，规格以 25～50 克/尾为好，一般每平方米放养 1.5～3.0 千克，饲养条件好的或微流水养鳝放养密度增加到 5～6 千克或更高（参见网箱养殖法）。放养后两天不打洞入土或停留在水草上面的应拣出，稻田养鳝每亩以放养1200～2000 尾为宜。

五、严格控制有害物质进入养殖水体

除了防止水源污染外，应注意控制自身污染。饵料投喂应掌握好用量，鳝种培育时坚持"四定"原则，以鳝鱼体重的 6%～7%全池遍洒，以免群集争食造成生长不均；鳝鱼养殖时，重点根据水温、天气和饵料质量等灵活掌握，日投喂量可控制在黄鳝体重的1%～6%范围内，鲜活饵料投喂量为鳝总重的 10%～20%，及时捞去残饵，保持水质良好；用药消毒或治疗鳝病时，应准确计算，不能过量；水稻防治病虫害时，应选用高效低毒农药，如选用20%的三环唑防治穗颈瘟病，50%的水稻多菌灵药液防治穗瘟和纹枯病等，配制的药液应在水稻叶面干时喷雾，粉剂应在水稻叶面有露珠时喷洒，避免药液（粉）落入水中，用药后及时换水，尽量降低水中药液浓度，避免黄鳝发生药害。

六、中药对鳝病的预防作用

中药是污染少、药性相对温和的药物，越来越多的生产实践和科学研究发现，中药具有提高水生动物免疫防御、促进生长、改善体质、抗应激等多重功效，近些年中药在水产养殖中的应用也愈趋火热。

1. 增强免疫力

蜂胶和淫羊藿提取物能提升鱼类的成活率；用含有黄芪和黄芩的饲料投喂黄鳝，能明显促进细胞吞噬能力和溶菌酶活性；香椿、松果菊、穿心莲等中药能显著提升鱼类细胞的吞噬活性，增强免疫防御性能。香菇多糖乙醇提取物能显著促进鱼类外周血白细胞的增殖。类似的效果在其他中草药中也被陆续发现：投喂黄芪、白术、防风等中草药，能使血液中白细胞数量增多；添加印楝提取物能显著提升红细胞和白细胞总数、免疫球蛋白数量等。将洋葱添加到基础饲料投喂，溶菌酶活性、超氧化物歧化酶（SOD）活性、呼吸爆发活力显著提升，而天门冬氨酸转氨酶和乳酸脱氢酶显著降低；而由黄芪、当归、山楂等组成的复方能诱导肿瘤坏死因子 α（TNF-α）和白介素 1β（1L-1β）的表达；饲料中添加 0.5％番石榴叶能促进溶菌酶和补体旁路活性；葫芦巴能使免疫相关基因和抗氧化相关基因的表达量显著上升。

2. 营养和促生长作用

中药中含有的生物碱、有机酸、黄酮类、多醇类、多糖类等多种活性物质，能有效地刺激水产动物摄食。已有研究表明：黄芪、山楂、薄荷、枸杞子、小茴香、阿魏、陈皮等复合中草药水提取物对鱼类有极显著的诱食效果。目前，特种饲料生产中已把芦荟粉末、茯苓、白芍、鱼腥草、守宫木、大蒜、地黄等不同复合剂作为饲料添加剂在阶段性使用。投喂含金银花、人参和山楂等中药的饲料，发现鱼类的胃和肠蛋白酶、淀粉酶、血清溶菌酶活性都有明显增加，能显著改善试验鱼的消化酶系统；能使试验鱼的丙氨酸转氨酶和天冬氨酸转氨酶活性显著降低，促进鱼体生长。

3. 抗应激作用

大黄提取物能在高密度应激条件下有效稳定鱼类的皮质醇、血糖、溶菌酶等水平，对鱼类在此种环境中的生长起到了保护作用。黄芪、党参等组成的复方在促进鱼体对高温刺激作出高效应答，对提高鱼体应急情况下的免疫调节有较好的作用；也有研究结果表明，饲料中添加石膏、柴胡、生地黄等可缓解鱼、虾的高温应激反应。投喂含神曲、山楂、茵陈、川芎的饲料，鱼类对毒性应激的抵抗力明显增强。

4. 抗菌、抗病毒作用

中药在水产养殖中的抗菌性，是目前研究最多的内容之一。Choi 等研究发现，黄芩、黄连、穿心莲、苦参复方（比例 1：1：2：3）能明显提高鱼类的抗菌活性和免疫球蛋白含量，感染嗜水气

单胞菌后，死亡率显著降低；Wu 等的研究表明，投喂含有 0.10%
苦参能显著降低病鱼的死亡率。同样中药对溶藻弧菌、灿烂弧菌、
格氏乳球菌具有一定抗菌性，中药在抗菌作用上应用前景广阔。大
多数病毒呈现急性病症，而中药与化学药物相比，疗效相对缓和，
因此限制了中药在急性病毒病上的应用，但在疾病预防或一些病程
缓和病毒病中，中药疗效显著，比如鱼腥草、板蓝根等。在抗真菌
感染方面，蛇床、厚朴和云木香的石油醚提取物对水霉菌、异丝绵
霉的抗菌效果显著；紫杉状海门冬对烟曲霉、土曲霉和黄曲霉具有
抗真菌活性。

5. 抗寄生虫作用

喻运珍等通过体外杀虫试验，观察了多种中药乙醇提取物对寄
生于黄鳝肠道内棘头虫的体外杀灭活性，结果表明：皂荚、蓖麻
子、仙鹤草、陈皮等提取物均可在 4 小时内杀灭棘头虫。另一份研
究报告表明：川楝皮、苦参、百部、使君子制成的鱼用快杀灵具有
杀灭锚头蚤和中华蚤的作用，疗效显著。

第三节 常见鳝病与防治

鳝病主要是由微生物、寄生虫和非寄生性生物敌害及非生物敌
害所引起的，现将其病原、症状和防治方法分述如下。

一、常见细菌性鳝病

（一）出血病

1. 病原

黄鳝出血病是新发现的一种鳝病，江苏省宝应县科委凌天慧以
及南京农业大学徐福南等，于 1990 年发现了国内外均未报道过的
黄鳝败血型疾病，暂称黄鳝出血病。通过解剖和显微镜观察，证实
该病是由"嗜水气单胞菌"引起的败血病，对黄鳝人工接种"嗜水
气单胞菌"毒株，发病症状与原发症状完全相同，接种后 91 小时，
黄鳝全部死亡。剖检可看到病鱼皮肤及内部各器官出血，肝的损坏

比较严重，血管壁变薄，甚至破裂。"气单孢菌"在鳝体内还会刺激血管内皮、窦内皮细胞增生。出血机制是由于细菌或其毒素直接对血管壁的损伤。

2. 症状

黄鳝口腔内有血样液体，倒置可流出来。体表布满大小不一的出血斑点，从绿豆大小至蚕豆大小，有时呈弥漫型出血，以腹部尤为明显，并呈长条状出血斑，逐步发展到背面或体的两侧。肛门红肿，外翻出血，似火山口状。有时浮出水面深呼吸，呼吸频率加快，不停地按顺时针方向打圈翻动，最后死亡。目前发现出血病较少。出血病分三种类型。

（1）慢性型　腹腔内充满紫黑色的血液和黏液混合物；肝肿大、质脆，有绿豆大小的出血斑，个别部位有绿豆大小的坏死点；小肠、直肠黏膜有弥漫性出血；整个肾脏肿胀、质脆、出血，颜色呈煤焦油状。

（2）亚急性型　腹胸腔内充满紫红色血液和黏液混合物，肝有绿豆大小的出血斑，肝体肿胀，颜色变深、质脆；脾脏肿大、淤血；直肠黏膜点状出血；肾脏肿胀、质脆、出血。

（3）急性型　打开胸腹腔，有较多的血液与黏液混合物，心脏充血，心内膜有极少量的芝麻大小的出血点；直肠轻度出血；其他内脏器官没有发现异常病变。

3. 防治方法

黄鳝出血病来势凶猛，发病率较高，重在预防。主要的防治方法有以下几种：

（1）采用 50 毫克/升有机碘液浸洗鳝种 5～10 分钟。

（2）发病季节，水深 30 厘米的鳝池，每亩用 8 千克生石灰加水全池遍洒，定期每月遍洒一次，有一定的预防效果。

（3）改善水质与环境条件，勤换水，发病时，坚持每天换水。

（4）患病采用烟叶治疗，每亩水深 30 厘米，用 250 克烟叶温水浸泡 5～8 小时后，全池泼洒，有一定的治疗效果。

（5）用漂白粉 1.0～1.5 毫克/升全池泼洒；2 天后再次换水，

并用 0.4～0.5 毫克/升三氯异氰尿酸钠全池泼洒。

（6）可用 10 毫克/升浓度的高锰酸钾溶液浸洗鱼体。

但是，目前此病还没有较好的治疗方法，有效的预防方法各地尚在研究中。其中南昌市农业科学院制备出能有效防御黄鳝出血病的三联微胶囊口服疫苗，按 0.6 克/千克的剂量口服免疫黄鳝，获得的免疫保护率为 65%。可有效抵御由嗜水气单胞菌、温和气单胞菌和弗氏柠檬酸杆菌引起的出血病，生产使用时须进行加强免疫，并适当加大免疫剂量。

（二）水霉病

水霉病又称肤霉病、白毛病。

1. 病原

由水霉与真菌感染所致。

2. 症状

在放养初期，水温在 18℃ 以下时，由于操作不慎，体表受伤而感染，或由于放养密度过大和饵料不足，互相咬伤及敌害生物的侵袭，形成伤口及碰破的部位导致水霉菌感染所致。霉菌孢子吸取黄鳝皮肤里的营养成分，使鳝体内、外长出棉毛状菌丝。向内深入皮肤和肌肉，分支很多，像灰白色棉花，迅速在体表蔓延扩展而形成，故有些地方又称"白毛病"。由于霉菌能分泌一种酶素分解黄鳝的组织，使黄鳝被刺激后分泌大量黏液，常表现为焦躁不安，并有与固体摩擦现象。往往使病鳝常出穴独自缓游，随着菌丝的繁殖，菌丝逐渐在体表蔓延扩散，鳝体负担增大，患处肌肉腐烂，食欲不振，逐渐消瘦而导致死亡，同时，在春夏季节，孵化的鳝卵也会被水霉菌感染，造成大量死亡。

3. 防治方法

（1）消除池内的腐败有机物，并用生石灰或漂白粉消毒。生石灰的浓度为 100～150 毫克/升，漂白粉为 10～15 毫克/升，7 天后可放入黄鳝。

（2）放养、捕捞时，操作要小心，尽量避免鳝体受伤，黄鳝下池前用 3% 的食盐水或 10 毫克/升漂白粉浸洗 3～10 分钟；或用 10

毫克/升高锰酸钾溶液浸洗鳝体 10～15 分钟。

（3）鳝种投放后发生水霉病，选用高锰酸钾粉，使池水浓度达到 4～5 毫克/升，可有效防治水霉病。

（4）可用 5％碘酒，或用 2％～3％食盐水，浸泡黄鳝 4～5 分钟。

（5）用 0.05％食盐溶液和 0.04％苏打溶液混合剂全池泼洒，效果较好。

（三）腐皮病

又名梅花斑病、打印病，是目前黄鳝的常见病之一，此病在长江流域一带流行，5～9 月为流行季节。

1. 病原

是一种细菌性鱼病，由点状产气单胞菌点状亚种引起。

2. 症状

病鳝行动缓慢、无力，全天都将头伸出水面，捞起病鳝观察，其体表局部或大部分出血发炎，体表出现许多圆形或椭圆形大小不一的红斑，尤以腹部两侧较多，有些黄鳝的腹部出现蚕豆大小的紫斑，有的皮肤腐烂，严重时，可以看见骨骼及内脏。若剥去腐皮，可见骨骼和内脏。有时病鳝的肠道、肛门也充血发炎。病鳝食欲不振，不入穴，最后瘦弱死亡。

3. 防治方法

（1）鳝苗放养前池水用 20～25 毫克/升生石灰消毒，7 天后放入鳝。

（2）放养鳝种时，一定要注意保护鳝体，勿使鳝体受伤，鳝体用 3％食盐水或 10 毫克/升漂白粉浸洗 3～10 分钟。或用 5～8 毫克/升漂白粉浸洗鳝种半小时左右后，再将其放入池中饲养。发病季节适时注入新水，保持水质清新。并每隔半个月左右，用 20 毫克/升的生石灰溶液消毒。

（3）池内放养几只癞蛤蟆，黄鳝患病时，可取 1～2 只剖开（连皮），用绳系好在池内拖几遍。癞蛤蟆身体上产生蟾酥分泌物具有防治功能，1～2 日即可除病。

（4）该病病原体除在皮肤、肌肉引起病变外，还侵入血液，所以，治疗时必须采取改变水质与药物治疗相结合的办法。其方法是：先将池水放干，清除淤泥，另取沙质土壤铺入池底后，注入新水，投放鳝种。此时，每立方米水体用 25 万单位（0.25 单位/毫升）乳糖酸红霉素全池泼洒，并将 5 克大蒜拌入蚯蚓中，待蚯蚓体表水分晾干后投喂，喂药前停食 2 天，让黄鳝处于饥饿状态，以便所投的蚯蚓能在较短时间内吃完，防止附着在体表的药物脱落，估计用药量为千克黄鳝用大蒜 10～30 克，可连续喂药 5 天。

（5）用五倍子汁液全池泼洒，使池水浓度为 2 毫克/升。

（6）水深 30 厘米的池水，每 100 米^2 水面用水辣蓼 200 克、苦楝树皮（汁果均可采用）300 克、烟叶 100 克，切碎，熬成 5 千克汁，加食盐 10 克，全池遍洒，重点在食场周围泼洒。每天 1 次，连续 3 天，有效。

（7）在该病流行季节时，每立方米水用红霉素 25 万单位全池泼洒 1 次。发病时也可用此法，但要连用 3 次，每天 1 次。

（8）每平方米水体用明矾 5 克泼洒，2 天后，每立方米水用生石灰 25 克，全池泼洒。

（9）每千克黄鳝用大蒜 10～30 克与饲料拌匀投喂，每天 1 次，3～7 天为一个疗程。

（四）肠炎病

1. 病原

肠炎病又叫烂肠病、乌头瘟。主要是黄鳝多吃了腐败变质的饵料或过分饥饿而引起的。此病夏季发生，在 4～7 月流行。

2. 症状

病鳝在水中活动迟缓，食欲减退，甚至不肯进食，体色变青发乌，腹部发现红斑，肠道充血发红，肛门红肿突出，轻压腹部有血水或黄色黏液流出，严重发紫，肠内无食，局部或全肠及肝部充血发炎，很快死亡。

3. 防治方法

（1）加强饲养管理，不投腐败变质的饵料，经常要将残渣捞出，保持水质清新。

（2）鳝病流行季节，每半个月用漂白粉或生石灰消毒1次。

（3）每100千克黄鳝用辣蓼5千克、薄荷叶3千克，熬水，全池泼洒，15天后重复1次。

（4）每100千克黄鳝用干地锦草0.5千克或鲜辣椒2～4千克，熬水，全池泼洒，连用3天。

（5）每平方米水面，用韭菜2～3克，大蒜2～3克，食盐0.1～0.2克，混合后捣烂，加水拌匀，泼洒在饵料中，每天投喂1次，直至病愈。

（6）每100千克黄鳝配20毫升十滴水（即人用十滴水2瓶），放入2～3千克的米糠内，加入1千克面粉拌匀，趁热投入池中，连续投喂3天，效果很好。

（7）每25千克黄鳝用0.25千克大蒜头捣碎拌饵料投喂3天或每25千克黄鳝用辣蓼0.5～1千克，每天一次，连续3天。

（五）烂尾病

1. 病原

黄鳝烂尾病是鱼尾部感染产气单孢菌的一种细菌而引起的。

2. 症状

病鳝感染后尾柄充血发炎，直至肌肉坏死溃烂，以致尾柄或尾部肌肉逐渐溃烂，尾脊椎骨明显外露。病鳝反应迟钝，头伸出水面，食欲减退，丧失活动能力而死亡。

3. 防治方法

（1）在运输过程中，防止机械损伤。

（2）放养密度不宜过大。

（3）改善水质与环境卫生条件，避免细菌大量繁衍，可以减少此病的发生与危害。

（4）用漂白粉1.0～1.5毫克/升全池泼洒，有一定的治疗效果。

（5）每立方米水用金霉素25万单位（0.25单位/毫升）浸洗消毒病鳝，有一定疗效。

（6）用 0.25 单位/毫升的金霉素浸洗鱼体，效果较好。

二、寄生虫病

（一）毛细线虫病

1. 病原

毛细线虫病为毛细线虫侵入黄鳝肠道而引起的。发病于 7 月中旬，常由于换水不及时或不彻底而感染。

2. 症状

毛细线虫寄生在肠壁黏膜层，破坏肠道黏液组织，有时包裹在肠壁黏膜内成肉裹状，使肠中其他致病菌侵入肠壁，引起发炎。寄生量过大，寄生虫充满整个肠道，则引起鳝体消瘦而死亡。虫体白色，细长如线，体长 2~11 毫米。

3. 防治方法

（1）生石灰清塘，可杀死病菌及虫卵。

（2）发病后，可按 100 千克黄鳝用 5 克敌百虫晶体（90%）拌入 1.5 千克豆饼粉，做成绿豆大小的药饵投喂，或拌入蚯蚓肉、河蚌肉及配合饵料内投喂，连续投喂 6 天有效。

（3）每立方米水体用 90% 晶体敌百虫 0.7~1 克加水溶解后全池泼洒。

（二）锥体虫病

1. 病原

是锥体虫在黄鳝血液中寄生而引起的，流行季节在 6~8 月。

2. 症状

黄鳝感染锥体虫后，大多数呈贫血状，鳝体消瘦，生长缓慢。

3. 防治方法

（1）由于蚂蟥是锥体虫的中间宿主，在放鳝种时，要用生石灰彻底清池，杀死蚂蟥。

（2）用 2%~3% 的食盐水，浸洗病鳝 5~10 分钟。

（3）用 0.25 毫克/升硫酸铜和 0.2 毫克/升硫酸亚铁合剂，浸洗病鳝 10 分钟左右，效果较好。

（三）隐鞭虫病

1. 病原

隐鞭虫主要寄生在黄鳝的血液中，导致黄鳝患病。全年可感染。

2. 症状

隐鞭虫寄生在黄鳝不同的部位，它的后鞭毛贴在虫体表的一段，与虫构成一条比较明显的狭长的波动膜。活的隐鞭虫在血液中颤动，但很少移动。被感染的黄鳝明显贫血。

3. 防治方法

（1）每立方米水体，用 0.7 克硫酸铜溶化后，浸洗病鳝 5 分钟左右，效果较好。

（2）用 2％～3％食盐水浸洗病鳝 5～10 分钟，具有一定的疗效。

（四）棘头虫病

1. 病原

棘头虫病是由棘头虫寄生在黄鳝的肠道内引起的。

2. 症状

该虫用吻部牢固地钻在肠黏膜内吸取营养，引起肠道充血发炎，阻塞肠道，影响食欲，严重时造成肠穿孔，导致鳝体消瘦而死亡。

3. 防治方法

（1）用 20 毫克/升的生石灰水清塘或将鳝池水放干后，经太阳曝晒，以彻底杀死中间寄生虫。

（2）用 90％的晶体敌百虫 0.7 毫克/升的溶液泼洒全池，同时用 0.1 克拌入鲜蚌肉内连喂 1 周。

（3）将 20 克敌百虫混合在 2.5 千克精料中投喂病鳝，连续投喂 4～5 天也有一定的效果。

（五）蛭病

1. 病原

蚂蟥又称蛭，在自然界中有两类蚂蟥是鱼类的寄生虫。一种叫颈蛭，常寄生在鲤鱼、鲫鱼鳃上；另一种叫尺蠖鱼蛭，主要寄生在鲤、鲫和黄鳝的皮肤上，此种蛭大多寄生在个体较大的寄主的头部。

2. 症状

由于鱼蛭牢固吸附于黄鳝活动皮肤上，吸取血液为营养，而且破坏被寄生处的表皮组织，引起细菌感染，尽管黄鳝在泥中钻动也不能使之脱落。病鳝表现活动迟钝，食欲减退，影响生长。如果水蛭寄生过多时，会造成黄鳝死亡。在蛭病发生的养殖池中，常发现黄鳝死亡，当黄鳝死亡后就自行脱落，另找新的寄主。

3. 防治方法

（1）采用 90%的晶体敌百虫 0.5 毫克/升全池遍洒，24 小时后更换池水，再重复上述药量，第三天要彻底更换池水，效果较好。

（2）用 90%晶体敌百虫的 0.2%溶液浸泡鳝体 10～15 分钟；或用 100 毫克/升硫酸铜溶液浸洗 5～10 分钟，待鱼蛭死亡后投鳝回池。因为黄鳝对敌百虫忍耐能力强，浸洗后，水蛭死亡而对黄鳝无损害。

（3）取干枯的丝瓜，浸湿猪鲜血后，放入患病的鳝池中，待 1～2 小时取出丝瓜，即可以将水蛭捕捉。

（4）用生石灰彻底清塘，杀死蛭类。

（5）用 5 毫克/升高锰酸钾溶液浸泡病鳝半小时，有较好的治疗效果。

（六）黑点病

1. 病原

是复口吸虫后囊蚴寄生鱼体皮下组织而引起的寄生虫病。

2. 症状

黄鳝发病初期尾部出现浅黑色小圆点，手摸有异样感，随后，小黑点颜色加深，变大并隆起，有的黑色小点突起进入皮下，并蔓延至体表处，病鳝停止摄食，直到萎瘪消瘦而死亡。

3. 防治方法

（1）用生石灰彻底清塘消毒，方法与前面所述相同。

（2）用 0.7 毫克/升硫酸铜溶液全池泼洒，消灭中间宿主椎实螺。

（3）用 0.7 毫克/升的二氯化铜全池遍洒。

（七）多子小瓜虫病

多子小瓜虫是一种广泛寄生的原生动物，养殖鱼类由于感染该虫而引起疾病，多发生于冬初至春末。但有研究发现，水温 28～30℃时，黄鳝感染严重，并引起大量死亡。病鳝体表布满灰白色的小囊泡，手摸似砂纸样粗糙，病鱼无力、小活跃。

防治方法：

（1）全池泼洒高锰酸钾，水体变成葡萄酒红色，且颜色保持 8 小时以上，可达到治疗效果。

（2）用 125～250 毫升/米³ 的福尔马林（37％的甲醛和 5％～15％的甲醇混合配制）浸泡 1 小时，治疗时给充足氧，治疗后立即换水。

三、非生物因素病害

（一）感冒病

1. 病因

黄鳝是变温动物，体温在随水温的高低而升降，当水温剧变，温差悬殊易使黄鳝患感冒。换水时，特别是在长途运输，使用未经处理的井水、泉水，或鳝池水温陡然降低，温差过大，而使黄鳝生理功能紊乱，不能适应而得病甚至死亡。

2. 防治方法

（1）换新水，每次不超过全池老水的 1/3。

（2）长途运输中换水，温差不得超过 ±2℃，若无适宜水源可局部淋水徐徐加入。

（3）水温过低的井水不能直接用来养鳝。在灌注新水时，特别是灌注井水或泉水时，应将水先注入蓄水池中曝晒，待温度升高或通过较长的地面渠道后，再流入池中，否则，过多的温度较低的水流入池中，会引起池中水温急骤下降，致使黄鳝严重"感冒"而大批死亡。

（4）秋末冬初，水温下降至 12℃左右时，黄鳝开始入穴越冬，这时，要排出池水，保持池土湿润，并在池土上面覆盖一层稻草或麦秸，以免池水冰冻。

（二）萎瘪病

1. 病原

这是由于放养过密或饵料不足引起的疾病。常发生在鳝种池及成鳝池。

2. 症状

病鳝身体明显消瘦、干瘪，头大身细，尾如线状，脊背薄如刀刃，体色发黑，往往沿池边迟钝地单独游动，严重者丧失摄食能力，不久便会死亡。

3. 防治方法

（1）主要措施是解决池中的饵料不足问题，并适当控制鳝种的放养密度和规格。并要加强饲养管理，做到定时、定质、定位投饵，保证鳝种有足够的饵料。

（2）越冬前要保证黄鳝吃饱吃好，发育正常。

（3）严格进行分级饲养。

（三）发热病

1. 病原

黄鳝和人类一样，也会发热。引起黄鳝发热的原因很多，主要是因投放鳝种密度过大，使鳝体表皮分泌的黏液在水中积累多，池内聚集发酵，加速水体中微生物发酵分解，消耗了水中大量氧气，并释放大量热量而使水温上升到 40℃以上。另外，饵料过多，也会发酵，释放出大量的热量，是储养和运输中经常发生的一种病症。

2. 症状

病鳝极度焦躁不安，相互缠绕，使底层黄鳝缠绕成团致死，造成大批死亡，死亡率有时可达 90%。

3. 防治方法

（1）在放养鳝种前，一定要用生石灰清池消毒。

（2）在运输前先经蓄养，勤换水，使黄鳝体表泥沙及肠内溶物除净，气温 23～30℃情况下，每隔 6～8 小时彻底换水 1 次。或每隔 24 小时，在水体中施放一定量青霉素，用量为每 25 升水放 30 万单位，能得到较好的效果。

（3）放养密度要适当，夏季要定期换注新水或在池内种植一些水生植物，即水花生、水浮莲、水葫芦等，可降低水温。

（4）如果加新水来源困难，每立方米的水体中加入 0.7% 的硫酸铜溶液 50 毫克，可抑制黄鳝黏液发酵。

（5）发病流行季节，经常加注新水，改善水质。

（6）及时清除剩饵，可在鳝池中加少量泥鳅，吃掉剩饵，并通过泥鳅上下窜游，对防止黄鳝互相缠绕有一定的作用。

（四）昏迷症

1. 病原

此病多发生于炎热天气，由于池水较浅，水温过高，黄鳝适应不了这种环境。

2. 症状

长时呈昏迷状态，俗称昏迷症。

3. 防治方法

先遮阴降温，并加少量清水，再将蚌肉切碎，撒入池内，有一定疗效。

除做好以上鳝病防治外，还应注意做好以下几方面的工作，养殖效果才好。

（1）防止黄鳝互相残食　黄鳝属凶猛性鱼类之一，饲养黄鳝过

黄鳝养殖关键技术精解

程中，由于投喂动物性饵料不足，往往会发生互相残杀现象，黄鳝尾部及身体其他部位，常有被咬伤痕迹，严重时，会感染细菌溃烂。黄鳝大吃小现象较普遍，75克左右重的黄鳝，能吞食25克重的小黄鳝，因此，在饲养管理中，应做好以下几个方面的工作。

①放养规格要整齐。目前，由于黄鳝人工繁殖技术没有普及，一般鳝种来源于自然界，所以在放养时尽量做到规格大体一致，大小规格分开饲养。保证黄鳝在生长发育过程中所需的饵料，每天能投喂一定量的动物性饲料，如蚯蚓、蝇蛆、蚌肉及新鲜的动物内脏等。②鳝食后应放干池水。在投喂饵料过程中，可在饵料吃完后，将池水放干，造成没有水的条件，迫使黄鳝自动钻入洞穴，避免黄鳝之间接触，造成互相残杀。

（2）避免黄鳝胀死　因为黄鳝有贪食癖好，在饲养池中往往有黄鳝胀死现象，如投喂过多的鲜活适口的动物性饵料时，因互相抢食，容易被胀死。

（3）加强日常管理　在日常饲养管理中，必须做到"四定"投饵，每天上、下午各投1次。投饵量应控制在黄鳝总重的3％～8％，投饵量视水温的变化而增减，如水温在25℃左右时，投饵量可增加到黄鳝的5％左右；水温在28℃时，投饵料应为黄鳝总重的8％左右，初春和10月以后，要适当减少投饵量。并要每天观察检查黄鳝的吃饵情况，灵活掌握投饵的分量。

（五）上草病

在苗种阶段，该病是体弱、伤残的鳝苗进入新环境时不能很好地适应而引起的应激性疾病。主要发生在鳝苗入箱7天以后，15天以后病情趋于稳定。在养殖过程中，水蛭病、肠炎、肝胆综合征也会导致黄鳝"上草"，观察或解剖后即可查明病因并可以有效防治。而应激性"上草病"主要发生在苗种阶段，病鳝爬上草面，行动迟缓，或者趴在草上不动，体表黏液脱落。目前还没有治疗的方法，重点以防预为主。

防治方法：

（1）严格筛选苗种，鳝苗以当地笼捕为好，淘汰体质弱、受伤的黄鳝。

（2）黄鳝装箱时密度要合理，装箱水使用自然河水或湖水，小的使用深井水或加冰水，装箱后适量泼洒泼洒型维生素 C 或应激露。

黄鳝发生上草后，及时抓取并处理，翻箱后及时进行全池消毒，连续 2～3 天。

四、黄鳝集约化养殖病害防治

目前，我国黄鳝养殖正值蓬勃发展阶段，但对于养殖过程黄鳝病害的认识和研究还处于直观水平。在黄鳝集约化养殖过程中，人们也积累了丰富的经验，在黄鳝养殖生产实践中获得了良好的结果。

（一）鳝苗放养阶段的病害

目前，国内黄鳝养殖主要以采集、收购野生鳝苗作为苗种来源，以下主要解析野生鳝苗放养阶段的病害。

1. 呼吸衰竭

（1）表现症状　发生有呼吸衰竭症状的鳝苗，在清水漂养时，鳝苗头吻端会长时间伸出水面，下颌部始终处于吸气膨大状态，并且惊动不下沉或下沉后头部又立即伸出水面，俗称"打桩"。这一病态"打桩"现象与正常鳝苗水面呼吸有较大区别：正常鳝苗呼吸水面空气一般仅以吻尖接触水面，并且吸气后立即下沉，而呼吸衰竭鳝苗吸气时，头吻端有一半以上，甚至整个头部长时间露出水面。病苗下池后，大部分游附于水草之上，呈明显体质衰弱、无力状态，拒食。从放养时计起，3 天内死亡率一般在 80％以上。

发病鳝苗体表无机械损伤，无充血现象，黏液正常，解剖脏器无炎症，但血液暗红。

鳝苗发生呼吸衰竭严重程度不同，其表现症状亦有所差距：轻微症状在换水漂养时，短时间内并无"打桩"现象，即使长时间漂养，也只有少量出现，下池后，上草的比例也不大，3～4 天死于呼吸衰竭的一般只在 20％以内，但剩余的鳝苗会逐渐演变为痉挛症而陆续死亡；而重症呼吸衰竭鳝苗则会全部出现"打桩"现象，下池后很快出现死亡，并达到死亡高峰。

（2）发病原因　由于捕捞、运输、储养过程处理不当，鳝苗氧交换不足，CO_2 排出受阻，血液中积聚高浓度的 CO_2，血浆中 CO_2 结合力上升，CO_2 分压增高，导致氧分压降低，造成体内缺氧和 CO_2 滞留。CO_2 分压达到一定值时，呼吸中枢就会受到抑制，此时鳝体主要靠缺氧刺激化学感受器来维持呼吸，并对呼吸中枢起兴奋作用。但如果改善了缺氧状态，如进行清水漂养，鳝体却因解除了缺氧对呼吸中枢的兴奋作用，反导致了呼吸进一步抑制，加重了 CO_2 滞留。实验证明，即使使用纯氧充气也无法使呼吸衰竭的鳝苗恢复正常。CO_2 滞留的直接后果是形成高碳酸血，血液 pH 值下降，形成呼吸性酸中毒。

由于机体组织供氧不足，糖代谢的氧化过程受阻，而酵解增强，乳酸产生增多，乳酸堆积，造成机体及脑组织中毒，此为代谢性酸中毒。

一般沉水式诱捕鳝苗，高密度或干法储运鳝苗，均易发生呼吸衰竭。

（3）解决方案　①鳝苗下池前，使用抗酸剂浸泡；②鳝苗下池前，使用可拉明浸泡；③低密度带水运输鳝苗，并在运输鳝苗的容器里设置附着物。同时，收购时应尽可能减少中间环节。

2. 脱水

（1）表现症状　患有脱水的鳝苗，在换水漂养时，初始状态表现为游动异常有力、迅捷，轻握鳝体无柔软感，略显僵硬，外观体表微微泛红，漂养 10 小时后，鳝苗呈呼吸衰竭状。下池后，黄鳝拒食，并很快游附于水草之上，不入水。24～36 小时后，体表开始弥漫性充血，机体僵硬，黏液减少，甚至局部脱黏，并继发细菌感染，皮肤坏死。48 小时后开始死亡，5 天内达到死亡高峰，累计死亡率在 90% 以上。

（2）发病原因　当经过长时间干法或高密度储运后，由于鳝苗大量分泌黏液以及呕吐而丢失过量消化液，造成组织间液丧失，细胞外液明显减少，机体皮肤弹性降低，形成鳝体等渗性脱水。此时如用清水漂养，则水分会渗入细胞外液，由于没有电解质的补充，细胞外液又呈低渗状态，细胞外液渗透压降低，抗利尿液素分泌减少，鳝体排尿过多，形成低渗性脱水。

在低渗状态，血清中 K^+、Na^+ 浓度降低，细胞内 K^+、Na^+ 释放到细胞外液，而细胞外液 H^+ 进入细胞内液，引起细胞内酸中毒、细胞外碱中毒。由于血清中 pH 值升高影响了结合钙的解离，以致血液中游离钙减少，造成神经肌肉兴奋性增高，鳝苗出现异常游动兴奋状态。由于水盐代谢失衡，鳝体内环境产生激烈的应激反应，代谢加速，维生素过多消耗，抗坏血酸和尼克酸损失严重，导致毛细血管内皮细胞和基质膜的通透性升高，血细胞渗出，形成弥漫性出血。

目前，黄鳝养殖技术中通行的发热病理，其内在机制正是黄鳝机体脱水过程，单纯意义上一定程度的载体升温并不会造成黄鳝死亡。

（3）解决方案　①低密度，带水运输鳝苗；②鳝苗下池前，使用等渗溶液浸泡鳝苗；③开食后，鲜饵拌喂抗坏血酸、尼克酸以及凝血维生素。

3. 痉挛症

（1）表现症状　痉挛症一般出现于收购的野生鳝苗放养后 7～10 天，初始表现为停食，易受惊，用声响和振动刺激后，鳝苗会出现窜游和跳跃现象，并持续 15 分钟左右后，趋于平静。2～3 天后鳝苗开始表现出弯曲症状，并且就地作打圈运动，同时肌肉极度紧张，头部与身体呈不可恢复性收缩，整个身体呈盘曲状，并伴随不自主撕咬自身现象。5 天后鳝苗开始死亡，死亡后体色变浅。从开始持续发病到死亡结束，时间 15～20 天，死亡率一般为40%～90%。

发病鳝苗体表检查无任何炎症和充血症状，目视及镜下检查体表无寄生虫，解剖检查内脏器官亦无病变，但血液比正常显暗红，肠道内发现寄生有大量棘头虫，腹腔壁感染有毛细线虫。使用皖龙一号浸泡杀虫后，痉挛症状未能缓解。而野生黄鳝大都寄生有上述虫体，因此可排除寄生虫的致病因素，脑组织病理切片镜下检查发现有坏死情况。

（2）发病原因　黄鳝痉挛症发病原因主要是由于黄鳝血液载氧力下降，引起脑供氧不足，导致脑缺氧和脑坏死。造成鳝苗血液载氧力下降的关键因素是常规的野生鳝苗采集方法包括捕捞、储养、运输等方式的不当，使高浓度的氨、硫化氢渗入血液以及血液酸中毒。

（3）解决方案　①鳝苗下池前，抗酸剂浸泡处理；②鳝苗下池前，抗痉剂浸泡处理4小时；③鳝苗下池后，拌喂抗痉剂和抗酸剂；④非氧化类消毒剂全池泼洒2个疗程；⑤避免雨季采集、收购鳝苗；⑥直接从黄鳝捕捞户收购鳝苗，避免从商贩、市场中收购；⑦收购的鳝苗应是当天捕捞，同时要求捕捞户储养鳝苗的水体要达到黄鳝重量的5倍以上，并且每3个小时更换水一次，避免收购储养1天以上的鳝苗。

4. 白尾病

（1）表现症状　鳝苗白尾病主要发生于每年4～6月放养时，一般鳝苗下池3天后开始发病，开始时尾柄处出现白化，并迅速扩大，向前身蔓延，致使整个尾部出现白皮，蔓延边缘有充血带。白皮症灶区黏液脱落，皮肤坏死并深达肌肉层，尾尖部角质化。患病鳝苗体质衰弱，游动缓慢，此病有传染性，累积死亡率一般在50％以内。

（2）发病原因　此病病原为白皮极毛杆菌，与鲢、鳙的白皮病属同一类病原，此病原在酸性水体具有较大感染性。爆发白尾病的鳝苗，在放养前，一般都经过4～5天的储养时间，且长期不换水，为白尾病发病提供了机会，同时由于鳝苗长期处于饥饿状态，且生活于恶劣环境，造成鳝苗体质衰弱及机体抵抗力、免疫力下降也是白尾病发生的重要原因。实验表明，将体质健壮的鳝苗与病苗混养，健壮苗不感染，说明白尾病主要感染体质不好的鳝苗。

（3）解决方案　①尽可能不选用储养时间过长的鳝苗；②调

节发病鳝池水体 pH 值，使水体偏碱性；③非氧化类消毒剂全池泼洒 2 个疗程；④足量投喂鲜活饵料，并拌喂土霉素。

（二）养殖阶段病害

1. 棘头虫及毛细线虫病

（1）表现症状　棘头虫主要感染黄鳝后肠，虫体呈白色，长度 0.5~1 厘米，其中 50 克以下鳝苗寄生较多，寄生虫体数量从十余条到几十条，棘头虫吸收寄主营养，使黄鳝营养不良，影响生长发育，降低饲料利用率，使饵料系数上升。严重感染时，还造成肠道堵塞及肠穿孔。

毛细线虫主要寄生于黄鳝肠外壁、腹腔内壁、胆道、肝脏外壁、胰腺外壁，并形成胞囊，破坏鳝体组织，吸收营养，影响腺液正常分泌，进而造成机体生长发育不良。毛细线虫在鳝体内发育到一定阶段会穿透鳝体，致使黄鳝死亡。

（2）发病原因　一般野生鳝苗 95% 以上均有不同程度棘头虫和毛细线虫感染，从广泛的养殖过程调查发现，这种体内寄生虫感染并不会引起很高死亡率，一般在 5% 以内，但对鳝苗的生长发育有极大影响。对比实验表明，养殖过程进行有效杀虫的养殖池，其产量和养成规格都有大幅度提高，而没有实施任何杀虫措施的养殖池都会出现：饲料系数上升，捕获量中有 20%~30% 个体瘦弱、规格偏小等现象，都是因为寄生虫感染引起的营养不良和摄食不旺。

体格健壮、生长旺盛的黄鳝对毛细线虫和棘头虫具有很强的免疫力。从抽样解剖情况看，丰满度好的黄鳝感染体内寄生虫的概率很低。同一批已感染体内寄生虫的鳝苗，在养殖过程中，即使不采用杀虫剂驱虫，其中摄食旺盛、生长速度快的个体也能够自行排出虫体。这说明棘头虫和毛细线虫感染黄鳝具有特异性，即仅感染那些体质瘦弱、处于摄食不稳定和饥饿状态的鳝苗。

在野生鳝苗进入养殖状态，由于驯养的有效性及摄食的不均衡性，造成鳝苗在人工喂养情况下不能全部达到旺盛摄食。单纯靠拌饲内服杀虫剂，无法达到完全驱虫的目的，所以在鳝苗放养时采用浸泡驱虫显得尤为重要。

（3）解决方案　①鳝苗下池前，采用高渗杀虫剂浸泡；②鳝苗下池后，定期拌饲投喂广谱性杀虫剂。

2. 蛭病

（1）表现症状　蛭，即蚂蟥，种类较多。寄生黄鳝的蚂蟥属蛭纲，吻蛭目，目前学名不清，此处暂名"鳝蛭"。主要寄生于黄鳝体表，吸取血液或体液为食，有时寄生在河蚌体内或黏附于水草和池底营自由生活。鳝蛭体长正常为 0.5～1 厘米，爬行时，可达 2 厘米，未吸血时体色呈青灰色，身体呈条形，当吸足血后，呈紫红色，并且身体膨大成纺锤形。鳝蛭可以寄生在黄鳝体表任一部位，以头部、背部和腹部较易被侵袭。严重感染时，鳝蛭可达千余条，呈块状分布，成团成撮。感染鳝蛭的黄鳝机体消瘦、停食，严重感染的鳝体呈密集点状出血，但一般不会引起死亡。鳝蛭繁殖力极强，一旦进入鳝池，会迅速侵袭全池黄鳝。

（2）发病原因　此病主要流行于每年 7～8 月以后，尤以9～10月和整个越冬期严重，近年来全国各地出现大量鳝蛭感染病例，造成严重损失。

由于鳝蛭寄生在黄鳝体表，不断刺激皮肤，使黄鳝躁动不安，失去摄食欲望，所以凡感染鳝蛭的鳝池摄食明显下降，直至停食，黄鳝明显瘦弱、萎瘪，发病池产量仅为正常池的1/3～1/2。

从大量发生鳝蛭感染病例调查发现，鳝蛭主要感染个体较大的黄鳝和丰满度较好的黄鳝。越是前期黄鳝生长旺盛的养殖池，一旦有鳝蛭入侵，就越容易爆发蛭病。黄鳝在自然状态一般发生蛭病较少，这并非自然环境没有鳝蛭病原存在，而是黄鳝在自然状态下主要营土层洞穴，黄鳝在洞穴的穿行状态，鳝蛭不易吸附；而人工养殖环境主要以水草作为黄鳝潜伏处所，鳝蛭一旦寄生就很难脱落。

目前，较流行的治疗方案有硫酸铜和硫酸亚铁合剂或敌百虫浸泡、泼洒治疗。从实验结果看：硫酸铜、硫酸亚铁（5∶2）合剂 1毫克/升清水漂养状态下，浸泡 1 小时可使鳝蛭脱落，但浸泡药液和黄鳝的重量比需超过 5：1 以上。但在养殖池内使用，即使达到 10 毫克/升的浓度，都无法杀灭鳝蛭或使其脱落。其原因是养殖池内布满水草及腐殖质，硫酸铜、硫酸亚铁合剂泼洒后被迅速螯合，因而只有瞬间浓度，10 分钟后浓度急速下降，因此很难形成稳定的杀灭浓度。而敌百虫的黄鳝致死浓度都无法杀灭鳝蛭。

（3）解决方案　①养殖过程如发现黄鳝摄食下降，应立即检查是否有鳝蛭感染；②放养前，对养殖水域用生石灰清池，杀灭鳝蛭；③由于河蚌体内大都寄生有鳝蛭，因此禁止用河蚌肉投喂黄鳝。

3. 脱黏病

（1）表现症状　脱黏病主要发生于 6～9 月的黄鳝旺盛生长期。发病时，黄鳝体表局部黏液减少或缺失、腺细胞坏死，其中以鳝体躯干部发病概率较大，病灶区域呈片状、块状或环带状分布，色泽呈浅黄色、灰白色。随着病程的发展，病灶区域内继发细菌感染和肌肉坏死。从发病到死亡约需一个星期。脱黏病的发病率一般在 10%～20%，发病死亡率极高。

（2）发病原因　脱黏病主要是由于黄鳝体内视黄醇缺乏。因为视黄醇具有保护上皮组织的健全与完整、促进黏膜和皮肤的发育和再生、维护细胞膜和细胞膜结构完整的功能。实验结果表明，在有脱黏病发生的养殖池，拌饲投喂维生素、醋酸酯，能很快降低脱黏病的发病率。

养殖期间的脱黏病与鳝苗放养时出现的脱黏有本质的区别，放养阶段出现脱黏现象是由于鳝苗在储运过程中，鳝体局部表皮脱水而致腺细胞坏死所致。

在以下情况容易造成鳝体视黄醇缺乏：①配合饲料视黄醇添加过少或未添加；②饲料储藏时间过长或高温加工，造成视黄醇受热与氧化而破坏分解，同时饲料中酸败、氧化的脂肪对视黄醇也有较大破坏作用；③饲料中脂肪缺乏和变质，导致视黄醇吸收减少，因为脂肪的存在可促进脂溶性维生素在肠道内的吸收。

（3）解决方案　①使用全价饲料，视黄醇应达到 5000 国际单位/千克饲料添加量，并在有效期内用完；②在饲料使用时，添加油脂；③发病时在饲料中拌喂氯四环素（金霉素）或螺旋霉素；④使用非氧化类消毒剂全池泼洒2个疗程。

4. 肝坏死病

（1）表现症状　肝坏死病在整个养殖期均有发生。发病时，黄鳝体表黏液分泌过多，背部及两侧皮肤发黑，下颌部经常伴随有炎症，头盖骨表皮有时腐烂成一圆孔，并露出头骨。解剖发现，肝脏明显肿大，严重时甚至充满整个腹腔，肝颜色暗红，肠道无炎症，腹腔无腹水。病鳝一般游动无力，常游于水草之上。

养殖池一旦爆发黄鳝肝坏死病，如不调整养殖方案和采取治疗措施，其发病率将在50%以上，发病死亡率为100%。

（2）发病原因　黄鳝肝坏死病主要是由于饲料脂肪氧化、酸败和变质以及B族维生素缺乏引起肝中毒症状。

饲料中的油脂在室温下，受氧气的影响而起氧化作用，这种现象称之为自动氧化。目前，国内黄鳝饲料生产为降低成本，大量使用未脱脂鱼粉。这类鱼粉经高温加工和一段时间储存后，其所含脂肪几乎全部氧化和酸败。油脂氧化后对黄鳝危害很大，可引起肝病变和肝组织坏死。

脂肪经脱氢酶变成不饱和脂肪酸，并经肝细胞作用与甘油、磷酸和胆碱组成磷脂，送至机体其他组织利用。如肝中缺乏胆碱，则磷脂类不能生成，肝组织内将积蓄大量中性脂肪，引起病态脂肪肝，形成肝肿大。

黄鳝养殖池在高强度投喂情况下，残剩饵料及排泄粪便大量蓄积，产生高浓度有毒物质，并渗入黄鳝体内。在一般情况下，肝脏作为机体解毒器官，肝细胞能通过分解或结合等方式来处理各种内、外源性有害物质，但如果有毒物质在肝脏的蓄积速度超过肝脏的解毒能力，就会引起肝病变。

（3）解决方案　①选用优质、新鲜的脱脂鱼粉配制黄鳝饲料；②拌喂抗坏血酸、肌醇及B族维生素，尤其是B族维生素的添加；③改善水质。

（三）养殖后期及越冬阶段病害

1. 出血病

（1）表现症状　黄鳝出血病一般出现于9月以后。黄鳝体表局部或全身皮下弥漫性出血，与脱水性出血类似，但出血病体表无脱水症状。解剖发现内脏亦有出血迹象，常伴有腹水，病鳝一般会游出潜伏区或伏于水草之上，有呼吸衰竭症状。随着病程发展，体表产生继发性炎症。在不治疗的情况下，发病率40%以上，发病死亡率90%以上，病程约为15天。

（2）发病原因　引起黄鳝出血病，主要有以下两种情况。

① 参与机体代谢的部分维生素缺乏，主要是抗坏血酸、尼克酸、硫胺素、核黄素等严重缺乏。这几类维生素，尤其是抗坏血酸和尼克酸影响着毛细血管壁基质胶原的完整性，一旦缺乏，就会造成毛细血管壁通透性升高，而引起出血。另外继发性血液凝血因子缺乏，如发生黄鳝肝病时凝血酶原及纤维蛋白原合成不足，维生素K缺乏影响凝血酶原的合成也能引起出血。饲料中相关维生素添加量不足或加工工艺的影响以及储存时间过长均会造成上述维生素的缺乏。

② 由于水体大量氨的蓄积，氨经由亚硝酸单胞菌的硝化作用，被氧化为亚硝酸盐，一旦水体中的亚硝酸盐达到一定值，就会渗入鳝体血液引起表皮充血。这一类出血情况在网箱黄鳝养殖中出现较多，这主要是因为用于黄鳝养殖的网箱一般都在 $10\sim30$ 米^2，网箱均用 $7\sim9$ 目聚乙纶或聚乙烯网片加工，这种网箱在水中放置不到一个月，就会被青苔全部封住网眼，失去箱内外水体交换能力，而养殖全过程又无法清洗网衣，加之箱内设置大量水草，水草异常繁殖，布满整个箱内水面，整个养殖期内的残剩饵料、排泄物及腐败水草不断累积在箱底，产生大量的亚硝酸盐。由于箱内外水体交换能力弱，且空气中的氧气由于水草的隔绝不能有效溶于箱内水体，网箱底层处于严重缺氧状态，使亚硝酸盐不能被氧化，造成亚硝酸盐浓度不断增大，而这一趋势随着养殖进程不断加剧，所以此类出血症状在养殖后期和越冬期，表现尤为严重。

（3）解决方案　①改善养殖池水质，施用水质保护剂，并注意在养殖期内经常清除残剩饵料；②拌饲投喂抗坏血酸、硫胺素、核黄素、尼克酸、维生素 K、胆碱；③使用全价配合饲料，并尽可能在有效期内用完；④非氧化类消毒剂全池泼洒。

2. 类痉挛症

（1）表现症状　黄鳝类痉挛症主要发生在养殖后期及越冬期，即每年 9 月以后，其中 9～11 月是高发期，类痉挛症与鳝苗的痉挛症具有类似特征。开始阶段表现停食，接着有易受惊和窜跳现象，但不如痉挛症明显，4～5 天后黄鳝开始有打圈运动，并游出水草潜伏区，整个身体呈盘曲状，并撕咬自身，且肌肉极度紧张，10 天后开始死亡，一般死亡率为 30%～50%，比痉挛症要低得多。发病池在不治疗情况下，约需一个半月停止死亡，并恢复摄食，但摄食率比发病前有明显下降。

（2）发病原因

① 单个养殖池一旦出现黄鳝类痉挛症，池中无论已发病或未发病黄鳝均出现停食现象，显然养殖池中所有黄鳝都受到了影响，但将一部分具有明显类痉挛症病鳝移入未发病养殖池，未发病养殖池不受影响，这说明类痉挛症不是传染性病。

② 类痉挛症一般易发生于生长旺盛群体，从各地发生类痉挛症的病例调查看，死亡率高的都是该发病池中个体较大、肥满度高的黄鳝，病程结束后剩余的黄鳝都是个体较小的弱势群体，这一点与痉挛症有较大区别。

③ 黄鳝养殖过程中一般在以下几种因素组合后会出现类痉挛症。

第一，也是首要条件，长期投喂高能高蛋白饲料，黄鳝获得快速增长，个体肥满度极高，体内储存丰富脂肪。第二，养殖池水质污染较为严重，黄鳝机体内在功能始终处于代偿状态。第三，外环境的稳定状态被突然破坏，比如养殖水体突然更换、分池、并池以及异常气候更替，使黄鳝处于应激状态。

类痉挛症与痉挛症其致病机制都是由于酸中毒引起的脑缺氧和

脑坏死，但痉挛症是由于直接的环境酸性介质和呼吸障碍造成酸中毒引起的，类痉挛症则是由内源性酸性物质造成酸中毒引起的。当黄鳝处于应激状态时，机体代谢迅速提高，肝糖原消耗加快，而应激状态的黄鳝一般都会减少摄食或停食，这一状况将导致糖供给不足。机体及脑组织在正常情况下主要依赖血糖供能，但在糖原供应不足时，机体将动员脂肪，当脂肪储备不足时，则以分解蛋白质供能。一旦机体糖原耗尽，而黄鳝又摄食不足时，肝脏将加速脂肪的氧化而产生酮体，但过多酮体的产生将会超过肝外组织氧化的能力，又因糖代谢减少，丙酮酸缺乏，可与乙酰辅酶缩合成柠檬酸的草酰乙酸减少，从而更减少了酮体的去路，如此便使酮体积聚于血内成酮血症，酮体是酸性物质，若超过血液的缓冲能力时，就可引起酸中毒。

（3）解决方案　①保护良好的养殖水环境；②饲料中拌喂有机铬、L-肉毒碱、胆碱；③饲料中拌喂抗痉剂 2 个疗程；④养殖后期减少高能饲料的投喂。

第九章　黄鳝的捕获

第一节　养殖鳝的捕捞

黄鳝的捕捞一般在秋末冬初进行，但是为了提高经济效益，要根据市场的价格、池中的密度和生产的特点等方面的因素综合考虑，只要黄鳝达到上市规格，价格较好，其他时间也可上市。

一、网捕

人工饲养的黄鳝，成批捕捞时，最好用夏花鱼种网围捕和围网捕捞。围捕一般使用捕捞鱼种的夏花网，夏花网网眼必须较小，网片要柔软，这样黄鳝不易受伤，捕捞效果好。其方法是：捕捞时将池中水生植物一并捕在网中，起水时，剔出水生植物，黄鳝便在网中。如需全部捕完，可先用网捕 1～2 次，然后将池水放干，就可全部捞完。冬季要全部捕完，首先将池水排干，放置一段时间，待泥土能挖成块时，可采用铁锹翻土取鳝，在操作过程中一定要细心，避免碰伤鳝体。捕捞的黄鳝用清水洗净附在鳝体上的泥沙污物，放在容器内便于运输，一般只要勤换水，几天内不会死亡。

二、冲水捕捉黄鳝

因黄鳝喜在微流清水中栖息，根据这一生理特性，可采取人为控制微流清水方法来捕鳝。此方法简单易行，先将本池中的水排出1/2，再从进水口放入微量清水，出水口继续排出与进水口相等的水量，并在进水口处（约占本池水面的1/10）放入一个池底大小相等的网片，网片的四周用十字形竹竿绳扎绷牢，沉入池底，每隔10分钟取网1次。采用此方法捕捞黄鳝，捕捞率可达60%左右。

三、采用饵料诱捕黄鳝

黄鳝喜欢夜晚觅食，因此，用饵料诱捕黄鳝，需在夜间进行。其方法是在投饵期内，将1~2米^{2}的细网眼和网片平置于池底水中，然后，将黄鳝喜欢吃的饵料撒入网片中间，并在饵料上铺盖芦席或草包，待15~20分钟将网片的四角同时提取出水面，掀开覆盖物后，再将活蹦乱跳的黄鳝捞起放入鳝篓中，用这种方法捕捞率达60%。

若需捕捞幼鳝，可把饵料放在草包里，放在喂食的地方，幼鳝会慢慢地钻入草包里，然后，把草包取出。也可每平方米水面放3~4个已干枯的老丝瓜，15~20分钟后，幼鳝会自行钻入丝瓜内，只要把丝瓜取出即可捕捉幼鳝。

第二节　野生鳝的捕捞

目前，人工饲养黄鳝尚未全面铺开，市场销售的主要来源于野生鳝。

一、钓捕

因黄鳝在夏季常常躲藏在洞内，头部时时伸出洞外，且其吃食是"一口吞"，根据这些习性，钓捕者把装好蚯蚓的特制钓钩慢慢地伸进洞内，若洞内有黄鳝，很可能立即上钩，当它咬住钩后就向后脱，此时应该毫不犹豫向外拉。若钓钩伸进洞内 10～20 厘米，反复逗引，甚至用手指弹水发声诱惑都无动静，说明洞内无鳝，洞内有鳝不取食是较少见的。黄鳝的钓钩有软、硬之分。硬钩是用自行车条或废钢丝磨制而成，后端加上用竹筷做的柄即可。软钩制钩材料同硬钩，钩长 4～5 厘米，只是钩柄较长，用比较长的软线或藤条制成。

软硬钩的优缺点在于：硬钩易探洞，但黄鳝逃脱的机会比较多。有的黄鳝在洞内咬钩后，作 360° 的快速旋转，硬钩易脱钩。软钩不易探洞，但能弥补硬钩的不足。钓鳝者常软硬钩齐备，先以硬钩探洞，然后下软钩。

二、笼捕

（一）诱笼筒的制作

1. 诱笼

诱笼是用带有倒刺的竹篾编织成的高 30～40 厘米、直径 15 厘米左右、两端较细的竹笼，其底口封闭，上口敞开，口径以伸进手为佳，以便抓取黄鳝，在笼的下端 7～8 厘米处，编上 5～8 片薄竹片，并形成倒径的小口，直径约 5 厘米，使黄鳝能自由地从外边钻入，而不能退出笼外。

2. 诱筒

用一节长 20～30 厘米、直径 6～8 厘米的竹筒制成，竹筒底部的节间不要打通，以免漏饵，在高 5～6 厘米处的四周，开几条6～7厘米的狭缝，此狭缝称为诱饵窗。

目前，捕黄鳝的笼分为 2 种。

（1）稻田笼子　又称为小笼子。结构分为前笼身、后笼身、笼帽、倒须和笼签 5 部分，前笼身长 65 厘米，直径 7 厘米，后笼身长 8 厘米，直径 7 厘米，倒须和笼帽配套，笼签是启闭笼帽的专用竹篾。捕捉季节为谷雨至秋后，历时 130 天，1 个劳力日可捕 80～100 条，重 1～1.5 千克。其缺点是大、小黄鳝一同捕，50 克以下的占 70% 以上，因此需要改进。

（2）荡田笼子　又称大笼子。结构基本上与稻田笼子相似，只是体积较大。前笼身长 80 厘米，后笼身长 100 厘米，直径 12 厘米。捕捉季节为立夏和秋后，历时 100 天左右，一个劳力每日可捕 50～60 条，重 1.5 千克左右。此笼专捕个体较大的黄鳝，有利于资源的保护，但仅能在荡田中作业，水稻田中不能使用。

（二）诱饵的制备

黄鳝喜欢吃新鲜的活饵，采用笼捕时，一定要备足新鲜小鱼小虾、活蚯蚓、猪肝或鸡肝，与草木灰拌和，取少量装入饵笼筒中，散发出的肉腥味由食饵窗慢慢扩散。诱饵可每天换 1 次新鲜的。

（三）放笼方法

将诱饵装入诱饵筒底部，再将其插入诱笼，并用木塞或草团塞紧笼口，在 6～10 月的傍晚，把诱笼放于稻田埂的水中，用力压泥 3～5 厘米，每平方米水面放 4～5 只笼子，待 1 小时后，开始取笼收鳝，然后每隔半小时收笼 1 次。此法的捕捞率为 70%～80%，而且黄鳝的成活率也比较高。

采取该方法捕黄鳝，一个人可在不同的地方放上一些诱笼。

三、竹篓诱捕

1. 诱捕器具的准备

准备一个直径 20 厘米左右的竹篓（也可用脸盆、大口坛代替）。另取两块纱布，在纱布中心开一直径 4 厘米的圆洞，再取一块白布做成一直径 4 厘米、长 10 厘米的布筒，一端缝于两块纱布的圆孔处，纱布周围亦可缝合，但须留一边不缝，以便放诱饵。

2. 诱饵的制备

将菜籽饼或菜籽炒香，拌入在铁片上焙香的蚯蚓即可。

3. 操作

将诱饵放入两层纱布中，蒙于竹篓口，使中心稍下垂。傍晚将竹篓放在有黄鳝的水沟、稻田、池堰中，第二天早上收回，即可得到一定数量的黄鳝。

四、灯光照捕

1. 渔具

灯光照捕的工具较简单，主要是鳝夹和灯光源。鳝夹可用两片长1米、宽4厘米的毛竹片做成，毛竹片内侧有缺刻，在30厘米处的竹片中心打一孔，用铅丝做成活剪。灯光源一般采用3节电筒或风雨灯。

2. 渔法

灯光照捕是利用黄鳝晚间出来觅食的习性进行夹捕，这种渔法在长江中下游水田地区十分普遍。此法使用最佳季节为5～6月，因插秧不久，视野较阔。捕捉时一人持照明工具在田埂上走动，寻找出洞黄鳝，一旦发现黄鳝，用灯光照准黄鳝头，黄鳝即静卧水底，另一人用鳝夹将其夹起。

五、聚捕法

聚捕法就是利用药物的刺激，造成黄鳝不能适应水体，强迫它逃窜至无毒的小范围集中受捕的方法。

1. 药物的制备

（1）巴豆　巴豆药性较强，每亩水田用250克即可，先将巴豆粉碎，调成糊状备用。同时加水15千克，用喷雾器洒较好。

（2）茶枯　茶枯即油菜籽榨油后的枯饼，内含皂苷碱，对水生动物有破血作用，量多可致死，量少迫逃窜，其药性比巴豆弱，每亩水田用5千克左右。茶枯应先用急火烤热、粉碎，颗粒直径小于1厘米，装入桶中，用沸水5千克浸泡1小时备用。

（3）辣椒　将辣味很强的辣椒，用开水泡一次，过滤；再用开水泡一次，过滤，取两次滤水，用喷雾器喷洒。目前，我国最辣的是七星椒，每亩用5千克。

2. 迫聚的方法

该法可分两种。

（1）流水迫聚法　此方法用于可排灌的田间。在田的进水口流入田的地方，作 2 条泥埂，长 50 厘米，成为一条短渠，使水源必须经过短渠才能流入田中。同时，在进水口对面的田埂上开 2～3 处出水口。将药撒播或喷雾田中，用耙（耙宽 1 米，用 10 厘米圆钉制成）在田里拖划一遍，迫使黄鳝出逃。如田间有农作物不能用耙的话，黄鳝相对出来的时间要长些。当观察到大部分黄鳝出逃时，即打开进水口，使水体在整个田中流动。此时，黄鳝逆水溜入短渠中受捕，个体小的留下，个体大的用清水暂养。

（2）静水迫聚法　此法适用于不宜排灌的田间。备半圆形有网框的网或有底的浅箩筐，将田中高出水面的泥滩耙平。在田的周围，每距 10 米堆泥 1 处，并使其高于水面 5 厘米，在它上面放半圆形有框的网或有底的箩筐，在网或箩筐上面堆泥，高出水面 15 厘米即可。

将药物放入田中，药量应少于流水法。黄鳝不适即向田边游去，一旦遇上小泥堆，即钻进去再也不出来，当黄鳝全部入泥后，就可提起网或筐（连同泥）到田埂上捉取。此法适宜在傍晚进行，第二天一早取鳝。

六、干池捕捉法

每年的 11～12 月，黄鳝开始越冬穴居，这时可趁机进行大量捕捉黄鳝。放干法捕捉鳝鱼，其方法简单易行。将鳝池中的水排干，放置一段时间，待泥土能挖成块时，可采用铁锹翻土取鳝。在用铁锹挖土取鳝时，一定要细心操作，千万不能破坏鳝体，损伤黄鳝。对已达到上市规格的成鳝，除留少量做来年鳝种外，其余全部捕捉或暂养。对较小的个体，也可继续留作来年鳝种饲养。采用这种方法，捕捉率可达 85%～90%。

七、扎草堆捕黄鳝法

本法是湖南省水产研究所胡连生同志总结和介绍的一种捕黄鳝法，适于湖泊、池塘、石缝、深泥等水域和沟渠使用，简单易行。可把水花生喜旱莲子草或野杂草堆成小堆，放在岸边或塘的四角，过 3～4 天用网片将草堆围在网内，把两端拉紧，使黄鳝逃不出去，将网中的草捞出，黄鳝便落在网中。草捞出后仍堆放成小堆，以便继续诱黄鳝进草堆，然后捕捞。这种方法在雨刚过后效果更佳，捕出的黄鳝用清水冲洗即可储运。

八、抄网捕捞法

1. 网具结构

三角形抄网由网身和网架构成，网身长 2.5 米，上口宽 0.8 米，下口宽 0.3 米，中央呈浅囊状，网身结构视捕捞对象而异。捕鳝苗、种的网用 11～12 目的聚乙烯布制成，捕成鳝的网用底眼网片剪裁。

2. 捕捞方法

抄网是利用黄鳝喜爱在草丛下潜居的习性，用喜旱莲子草或蒿草制成草窝，置于浅水区诱鳝入窝。作业时，一人将小船划至草窝边，另一人将抄网伸入草窝下，由下而上慢慢提起，连草一起抄入网内。此法常用于河网地区捕鳝，效果较好。

第十章　黄鳝的储存与运输

第一节　越冬与暂养

　　黄鳝是一种半冬眠的鱼类，具有蛰伏冬眠的习惯。每年 11 月至翌年的 2 月，在气温降低到 10℃时，黄鳝就钻入深层泥土中藏居越冬，进入冬眠阶段。由于黄鳝具有特殊的呼吸器官，所以当栖息处干涸时，也不至于死亡。在立春以后，当水温上升到 15℃以上时，黄鳝才从冬眠中苏醒，开始出洞觅食。在越冬时，一是要注意保持池中泥土湿润，二是在泥土上覆盖一层稻草或草包保温，或者将鳝池灌水 50 厘米深，使其安全越冬。在严寒冰冻时，可把水加深到 70 厘米，同时可在水面上放些水草、水浮莲、浮萍等，若结了冻，应敲开冰层透气，这样，既能保持池底温度，又使水中有一定的溶氧量，以达到理想的越冬效果。

　　黄鳝暂养一般是指其在运输前的停食暂养。池塘养成的黄鳝，在市场销售或装运出口之前，一般有一个暂养和运输过程。如果储运措施不当，会造成大批死亡，死亡率达 90％左右。因为黄鳝在运输途中，要长时间生活在密集的环境中，并受到惊扰刺激，还要分泌大量黏液和排泄粪便，污染水质，这样容易造成黄鳝死亡。黄鳝在运输前必须进行停饵暂养锻炼，使其先分泌大量黏液，排出粪便，以便其适应惊扰刺激和密集环境，这样，黄鳝在运输过程中就不至于那么容易死亡，从而提高了运输的成活率。

第二节　运输与储养

一、运输前的准备

准备好盛运黄鳝的器具，用来盛运的"容器"有木桶、铁桶、鱼篓、帆布桶、尼龙袋等。无论使用哪一种容器，都要事先进行仔细的检查，要保证容器内壁光滑，并事前在容器里装水试验，发现漏水应及时修补。如使用尼龙袋也要逐个装水检查，发现裂缝要及时粘补好。运输距离较远，可多带几个备用，以便在损坏时及时更换。

另外，途中要携带简单修理工具和加水工具，以便在途中备用。运输前必须停食暂养。

二、运输方法

黄鳝的运输目前主要有带水运输法、干湿运输法、麻醉运输法，常见的方法是带水运输法和干湿运输法两种。

1. 带水运输法

带水运输法就是在运输黄鳝的容器中装水运输。容器以采用水缸、木桶或帆布袋木桶或帆布袋最为普遍。带水运输适宜于较长时间的运输，而且成活率较高，一般在95％以上。其方法是先把水装入容器中浸泡1～2小时后，再将黄鳝轻轻放入。其放养密度为容积5升的容器可盛2升水，约放鳝2千克。如天气闷热时，还可适当减少运量，同时，在容器内放几条泥鳅。因泥鳅性情活跃，在容器的四周不断活动，这样，既可加快黄鳝的活动，又可以减少黄鳝的互相缠绕，可增加容器中水的溶氧量。在运输的容器上面，还要加盖网片，主要是防止黄鳝跳出，还可达到通气的作用。夏季运输黄鳝，为了防止水温过高，可在覆盖的网片上加放一点冰块，使溶化的冰水逐渐滴入运输水中，促使水温逐渐下降。如在运输途中，发现黄鳝身躯竖昂，而且头部长时间浮出水面，并口吐白沫等现象，这表明容器中的水质已变坏，要立即更换新水。开始每半小时换水 1 次，换 3～4 次后，待污物基本除掉再每隔 5～6 小时换水 1 次。换的水最好与原鳝池中的水相似，尽量不用井水、泉水、污染的沟水或温差较大的水。如运输时间超过一天，每隔 3～4 小时翻动黄鳝 1 次，把容器底部的鳝翻上来，防止发热、缺氧窒息。为了提高储运中的成活率，开始时和 24 小时以后，各投放青霉素 1 万单位。水运可采用机帆船装运，其运量较大，水与黄鳝之比可为 1：1，同样要勤换新水与勤搅动黄鳝。

2. 干湿运输法

不但能防止黄鳝相互受挤压，便于搬运，并且体积小，占用运输容器少，成活率可达 95% 左右。因为黄鳝离水后，只要保持体表有一定的湿润性，就可以通过口腔进行气体交换，能维持相当长一段时间，不至于使黄鳝死亡。运输时，可以采用的器具有如下。

（1）木箱、木桶或蒲包等作为包装容器　木箱或木桶容器的底部铺垫一层较湿润稻草或湿蒲包，以防鳝体被摩擦损伤，再将捕捉的黄鳝用清水洗净，随即把黄鳝装入容器内。但是，一定要注意，每个包装容器所装的黄鳝数量不宜太多，以防黄鳝因过多被压死、闷死。另外，在使用木箱、木桶装运黄鳝时，在四周的盖上打几个洞孔，便于通气。运输途中，每隔 3～4 小时用清水淋 1 次，以保持鳝体皮肤具有一定的湿润性。夏季运输时还要注意降温，可采用直接在鳝体上洒一些凉水（井水也行）或在装鳝容器盖上放些冰块的方法。

（2）用尼龙袋运输　采用尼龙袋充氧运输黄鳝，灵活机动，便于堆放和管理，运输成活率高，密度大，适合各种条件下黄鳝的长途或短途运输。

尼龙袋或塑料薄膜袋的规格，一般长 70～80 厘米，宽 40 厘米，前端留有长 10 厘米、宽 15 厘米作为装水和黄鳝入袋的空隙。

尼龙袋充氧运输黄鳝的方法是先将黄鳝放入 0℃的水中，经 10 分钟左右，黄鳝处于昏迷状态，再把黄鳝放入尼龙袋中，每袋装10～15 千克，同时装进 10 千克清水，立即充氧封口，装车，使袋中的水温保持在 10℃左右。经过 48 小时后，黄鳝已苏醒过来，再倒入木桶或水缸中冲水，黄鳝即可恢复正常，其成活率可达100％，但要注意运输途中的时间不能超过 48 小时，到达目的地后，待黄鳝苏醒后才能倒入木桶或水缸中冲水。

（3）竹篓和蛇皮袋运输　利用竹篓和蛇皮袋运输黄鳝是我国农村常用的方法。小竹篓有 2 种，均装有上盖，可吊在人的腰带上，小巧玲珑，有时作为晚间捕捉黄鳝的存放工具，到市场出售时，也可背着行走。小竹篓一般可存放鳝 2～3 千克。稍大一些的篓子里可放 4～5 千克。运输大竹篓又称大笭筐，存放量大，但堆积总厚度不宜超过 20～25 厘米。运输时，篓内要放几尾泥鳅，并放少量水草，确保鳝体湿润，以提高运输的成活率。

如采用蛇皮袋运输黄鳝，最好不用人挑、抬或自行车两侧担运。应平放在三轮车、汽车或轮船上运输，每袋装量相当袋容量的1/3 左右，并用细绳把袋头扎紧，以防黄鳝逃跑。同时，在鳝袋下面放上 2～3 厘米厚的水草，途中经常用清水洒袋，保持一定的湿度。

（4）铁皮箱和木盆运输　铁皮箱一般是白铁皮加工而成的容器。这种容器便于重叠堆放，较适宜长途运输。铁皮箱的大小一般为长 80 厘米、宽 40 厘米、高 20 厘米。上口的周沿装有网罩，网罩宽 10～15 厘米，网目小于 5 毫米，每箱可装 20～30 千克黄鳝。

木盆一般便于在市场上销售时存放黄鳝，也就是利用其他容器把黄鳝运到市场后，倒入大木盆出售。该盆多数是圆形的，直径在60～80 厘米，盆的上口四周加一个罩，网罩宽 10～15 厘米，网目也是小于 5 毫米，每盆可存放黄鳝 15～20 千克，最好常换池塘的自然清水。

（5）蒲包装运法　该种方法主要适合一些贩鳝者，因运量较少，往往采用蒲包装运黄鳝，效果很好。其方法在 24 小时内可用洗净蒲包湿运，每包装 25 千克左右，把包放入木箱、帆布篓或笆筐之中并加盖，以免堆积受伤。如是夏季高温时运输，可采用冰块降温湿运，提高运输成活率。

三、储养（囤养）

储养黄鳝主要是调节黄鳝的淡旺季节，这样，既保证了市场供应，又提高了生产者的经济效益。平时在黄鳝上市的旺季，价格较低，可以从市场上选购一批体质健壮、无伤、规格整齐的成鳝或半成鳝，用药物消毒后，储养起来，待淡季（春节前后），市场缺鳝上市时，价格较高。储养黄鳝有水缸储养法、水泥池储养法和土池储养法三种。

1. 水缸储养黄鳝

其方法是先将水缸洗净，注入清洁水，然后把捕捞或收购的黄鳝立即进行处理，清除混入的泥沙和污物，剔除残伤体弱的黄鳝，再把体质健壮的黄鳝放入水缸中。在开始的 1～2 天要勤换新水，因为捕捉的黄鳝体表和口腔都附有较多的泥沙和污物，尤其是在生长季节捕捞起来的黄鳝，消化道内的排泄物较多，容易污染水质。因此，必须进行多次换水，将其漂洗干净。以后每天或隔一天换新水 1 次，以调节水温，使黄鳝慢慢地适应环境，防止黏液大量分泌导致水体发黏。为了防止黄鳝分泌过多的黏液被在水中的微生物分解，产生热量，使水温显著升高，致底层黄鳝相互缠绕成团最终死亡（也叫烧桶）。每天可将水缸底下的黄鳝用手翻动 3～4 次，还可在每口缸中加 5～10 尾泥鳅，以减少黄鳝互相缠绕，增加黄鳝活动能力，以提高储养成活率。这种方法储养，每立方米水体放鳝鱼10～12 千克。此外，为了防止黄鳝外逃，应在黄鳝的储养水缸口上加盖较密眼的铁丝网罩。

2. 水泥池储养黄鳝

利用水泥池储养黄鳝，容量大，存期长，易管理，易捕捞，有利于边存边养。水泥池储养黄鳝的建池和一般饲养池相同。在储养过程中，一定要注意经常换新水，注意消毒防病，每天还要定时定量投喂一些活体动物和新鲜饲料。

3. 土池储养黄鳝

此法简单易行，经济合算，不受条件限制，各地都可采用。此法先挖土池 0.6～1 米深，在池的外围砖砌约 0.4 米高，池中栽茭白或水稻，池水灌 0.3～0.4 米深，每平方米可放黄鳝 8～10 千克，常换新水，并及时投喂饲料，做好鳝病的防治工作。

第十一章 黄鳝活饵的人工培育

黄鳝的饵料尤其是活饵充足与否，直接影响到黄鳝的生长发育和产量的高低。因此，必须千方百计、因地制宜地广辟饵料来源，保证黄鳝质优量足、适口的饵料，特别是黄鳝喜食的活饵。目前，人工培育和养殖的活饵主要有蚯蚓、河蚌（蚬）、福寿螺、田螺、黄粉虫等数种，前几种也可在自然环境中采捕。有条件的也可捕捞和养殖泥鳅、白鲫及其他小鱼虾喂养黄鳝。

第一节 蚯蚓的养殖

蚯蚓又名地龙、蛐鳝，属环节动物门、寡毛纲，是陆栖无脊椎动物。蚯蚓种类繁多，全世界有 2500 余种，我国有约 150 种，农村房前屋后和庭院等有肥泥的地方均能捕到。

一、蚯蚓的生物学特性

蚯蚓的身体由许多环节组成，这是蚯蚓的主要特征。每一个环节大都具有相同的构造。尽管由于蚯蚓的科、属和种的环节的数目有较大的变化，但大多数在 60～320 节范围内变动，有些热带蚯蚓，环节可达 600 节或者更多。

当蚯蚓发育到性成熟时，在蚯蚓的前部出现一个环带，也叫生殖带，一般长度占 3～12 节。环带的颜色和其他部分有明显的不同，有的呈乳白色，俗称白颈，有的呈肉红色、红棕色和米黄色。环带在身体的位置、形态、长短和颜色，是蚯蚓分类中的一个非常重要的特征。

蚯蚓是雌雄同体，通常是异体交配。少数的种也有自体交配的现象，称处女生殖。在自然条件下，除了严冬和干旱之外，一般在暖和的季节，从春季到秋末都能繁殖。在我国南方和北方保温的情况下，一年四季都能繁殖。

蚯蚓的胚胎在卵包（又称蚓茧）中发育完成后，幼蚓从卵包中孵出，进入胚后发育逐步长大到性成熟、性完全成熟、衰老到一生终结，其寿命从几年到十几年不等。蚯蚓从性成熟到衰老这一历期很长，在这一历期可不断地繁殖后代。

蚯蚓从产卵开始至幼蚓孵化，直到发育成熟，出现环带并产卵，作为蚯蚓的一个生活周期。周期的长短与蚯蚓的繁殖和生长速度有很大的关系。生活周期短，一年中繁殖的次数多，增值倍数大，这对人工养殖有很重要的意义。

蚯蚓一般具有很强的再生能力。当其躯体一部分损伤、脱落或被截去后，仍然能重新生成。从某种意义上讲，蚯蚓的再生也是无性生殖的一种，如水栖的带蚓，每个体节都可再生一个新的个体。大多数的陆栖蚯蚓只能在去掉少部分身体后再生新的躯体。如赤子爱胜蚓在其前端第 25 节处切断后，则基本上不能再生，即使能存活下来，形态上也有很大的变化。近前端部几节处切断后，主体可再长出新的头部。在第 25 节前切断，则在切断的双方主断面上均可长出头部，而不能形成尾部。在 18～34 节的范围切断了，再生能力最强，不仅能长出头部，还能长出尾部。再生蚯蚓对内部器官的再生也有很大的影响，一般性器官很少再生。

蚯蚓喜温、喜湿、喜静、怕光、怕震、怕盐，昼伏夜出，是夜行性变温动物，也是生物界最不怕脏的动物之一。它白天栖息于潮湿、通气性能良好的土壤中，深度一般为 10～12 厘米，适宜温度

6～30℃，适宜繁殖温度 15～25℃，32℃以上停食，40℃以上死亡，湿度在 20%～80%，pH 值在 6～8 都能生活，对强酸、强碱的反应敏感，二氧化碳、硫化氢、氨气及甲烷含量高，会造成其逃失或死亡。蚯蚓的食性庞杂广泛，除金属、塑料、玻璃、橡胶外，包括污泥、生活垃圾等几乎什么都吃。蚯蚓喜食富含蛋白质、糖类的腐烂有机物和杂草、落叶、蔬菜碎片、畜粪等。太平 2 号、北星 2 号、赤子爱胜蚓等，在投发酵牛粪后，生长发育最快，产量最高。

二、养殖蚯蚓常见的品种

1. 赤子爱胜蚓

该种俗称红蚯蚓，属粪蚯蚓类。个体较小，体长 40～150 毫米，体宽 3～5 毫米，体节 80～110 个。口前叶为上叶的，背孔从 4～5（有时 5～6）节间开始。生殖带一般位于 24～32 节（或 25～33 节）。性隆脊位于 28～30 节。刚毛紧密对生。雄孔在 15 节，有大腺乳突。体色多样，有紫色、红色、淡红褐色等，多为紫红色。背部色素较少的节间上有时有黄褐色的交替带。体尾部浅黄色。卵包较小，呈椭圆形，两端延长，一端略短而尖，每卵包内可有 2～6 条幼蚯蚓，多数为 3～4 条。本种由于人工养殖的发展，其分布已遍及全国。

该种趋肥性强，在腐熟的肥堆及腐烂的有机质（如纸浆污泥）中可以发现，繁殖力强，十分适合人工养殖。本种在我国有几个品种。

（1）北京条纹蚓　由中国农业科学院在北京地区从野生的赤子爱胜蚓中选育出来的，体长一般 100～160 毫米，体宽 4～6 毫米，体重平均可达 0.70 克，最大的可达 1.8 克。体表条纹明显，生殖带在 26～34 节。本品种适应性强，繁殖率高，喜食纸浆泥、畜粪、蘑菇渣等有机质，要求饲料的湿度为 70%～80%。

（2）重庆赤子爱胜蚓　是由重庆市第一师范学校选育出来的优良品种，适于人工养殖。

（3）眉山赤子爱胜蚓　是由重庆市第一师范学校选育出来的优

良品种，适于人工养殖。

（4）太平 2 号和北星 2 号　我国从日本引进的品种，体长 90～140 毫米，体宽 3～5 毫米，每条鲜体重平均 0.5 克左右。生殖带在 25～33 节。生育期 70～90 天，趋肥性强，适于人工养殖。

2. 威廉环毛蚓

该种个体较大，成熟个体体长一般在 100 毫米以上，大的可达 250 毫米，体宽在 6～12 毫米。体节数为 88～156 节。生殖节（环带）位于 14～16 节上。环节呈指环状，无刚毛。体刚毛较细，前端腹面毛稀而不粗。受精囊孔 3 对，在 6～7 节、7～8 节、8～9 节节面，孔在一横裂中小突上。体背面为青黄色或灰青色，背中为深青色，卵包呈梨状，每卵包有一条幼蚓，极少数有 2 条。本种为土蚯蚓，喜生活在菜园地肥沃的土壤中，适于人工养殖。其地理分布为我国湖北、江苏、安徽、浙江、北京、天津等省、市。

3. 湖北环毛蚓

该种属大型种类，体长 70～230 毫米，体宽 3～8 毫米，体节 110～138 节。口前叶为上叶的，背孔从 11～12 节间开始。环带占 3 个体节。除腹面刚毛较稀外，其他部位刚毛细而密，但环带后较疏。雄孔开口在 18 节腹侧的刚毛线，一个平顶乳突上，受精囊孔 3 对。活体背部为草绿色，背中线为紫绿色或深橄榄色，腹面为青灰色，环带为乳黄色。本种在土粪堆、肥沃的菜园土中易发现，主要分布于我国湖北、四川、重庆、福建、北京、吉林等省、市及长江下游各省、市。

4. 参环毛蚓

该种是我国南方的大型蚯蚓种类，鲜体重每条可达 20 克左右。其体长 115～375 毫米，体宽 6～12 毫米。背孔从 11～12 节间开始。环带占 3 个体节，其上无背孔和刚毛。雄孔在 18 节腹刚毛圈的一小突上，外缘有数个环绕的线皮褶，内侧刚毛圈隆起，前后两边每边有 10～20 个不等的横排小乳突。受精囊孔 2 对，位于 7～8 节间和 8～9 节间。体背部为紫灰色，后部色稍浅，刚毛圈白色。该种分布在我国南方沿海的福建、广东、广西、海南、台湾、香港、澳门等省、区，是广东的优势种。

5. 背暗异唇蚓

据记载，该种过去我国仅在新疆有分布，现发现在北京市亦有分布。其体长 80～140 毫米，体宽 3～7 毫米，体节 93～169 节。口前叶为上叶的。背孔从 12～13 节间开始。环节位于 26～36 节。性隆脊位于 31～33 节。刚毛紧密对生。雄孔在 15 节。受精囊孔 2 对，开口于 9～10 节间和 10～11 节间。体背腹端扁平。体色多为暗栗色或灰褐色，从环带后到体末端色浅，但渐变深，有时可见微带红色。

该种喜欢生活在含有机质丰富而湿润的土壤中，适合人工养殖，但繁殖率较低。

6. 川蚓一号

川蚓一号由台湾环蚓、赤子爱胜蚓及赤子爱胜蚓的太平 2 号品种经多元杂交选育出来的一个新品种。本杂交种的个体均匀，鲜红褐色，体长 100～200 毫米，体宽 6 毫米左右。

该杂交种周年可繁殖，产卵包多，平均 2 天产一卵包，每卵包可孵化幼蚓 4～10 条。

三、蚯蚓的人工养殖方法

（一）合理选择养殖方式

蚯蚓对生存环境条件的要求并不苛刻，只要满足其对温度、湿度、饲料等要求，在室内、外用容器或在露天农田中均可养殖。采用何种方式养殖蚯蚓应根据当时、当地的条件而定。有条件地方，可把养殖的场地设施安排得规范、豪华一些。没有条件的地方可因陋就简，利用现成的旧盆、钵、筐或肥堆、坑函、沟槽或闲置的窑洞、破房或农田养殖。

1. 养殖地方和养殖容器的基本条件

（1）水源方便，但场地不渍水，避风向阳，空气流通。

（2）便于人工管理操作，便于采捕蚯蚓。

（3）没有工业、化学污染源，所采用的容器或房屋等没有装过农药等对蚯蚓有害物质，容器材料本身不含芳香性树脂、鞣酸、酚油等化学物质。

（4）对蚯蚓有危害的各种天敌、病原微生物较少，一旦发生危害，能有办法加以控制。

（5）有条件的地方还要求考虑比较容易实施升温、降温、遮阴等措施。

2. 容器养殖

不含有毒物质的花盆、缸、木箱、竹筐、塑料容器等均可用来饲养蚯蚓。所选容器要适当大一些，太小（如小花钵）的容器容易使饲养基质干燥、升温或降温，也不利于防逃等，还给管理带来麻烦。如果没有现成的合适容器，要新做或购置的话，养殖箱（盒）的长、宽、深规格宜为：长 40～60 厘米，宽 30～50 厘米，深 20～30 厘米。在箱（盒）的底部要有排水孔，侧面要有通气孔，底部孔径以 0.5～1.0 厘米为宜，侧面孔径可小一些，底孔可略多一些。在箱（盒）的两端最好能装上拉手把柄，便于搬动。

饲养蚯蚓时，箱内基质不能装得过多或过少，过多会通气不良，过少不利于保持水分和温度。在饲养时，表面可用塑料膜、废纸、破麻袋等物盖上。饲养箱宜放在冬暖夏凉的地方。为节约场地，还可将箱叠起来。饲养密度根据蚯蚓的大小而定，一般每平方米可养 4000～9000 条。

3. 立体式饲育床养殖

在房屋中建立体式饲育床养殖蚯蚓不仅能充分利用空间，便于管理，节约成本，而且生产效率高。有关人员测定，用这种养殖法在 4 个月内增殖率为室外平地养殖的 100 倍。房中建立体式饲育床养殖，能够人为调节好室内的小气候，尽量满足蚯蚓在生长发育和繁殖过程中所需要的条件。此法是许多养殖公司通常采用的方法之一。

4. 利用山洞、窑洞、地下防空洞、地窖等养殖

闲置的山洞、地窖等地方阴暗潮湿，常年温、湿度变化小，冬

天又容易增温、保温，完全可以利用起来饲养蚯蚓。在这类地方还可以与蜗牛一同饲养。在基质的表面养蜗牛，蜗牛的粪便、食物残渣又可作为蚯蚓的饲料。

5. 温室养殖

利用现有的温室，把种植作物与养殖蚯蚓结合起来，冬天可使植物有效越冬，蚯蚓在其内变"冬眠"为"冬繁"，一举两得。夏天温室揭膜后，有植物长在土壤中，又可为蚯蚓调节温、湿度。蚯蚓在土壤中活动并排泄出粪便又可达到改良土壤、促进植物生长的目的，从而使物质和能源得到充分的循环利用。利用这种形式养殖蚯蚓宜选用土栖类的品种如环毛蚓、异唇蚓等。

6. 棚式养殖

棚式养殖的棚子结构与常规的温棚结构差不多，可用竹子、钢管、水泥架等作为棚的骨架，冬季在上面盖塑料薄膜，夏季将保温膜拆下在棚上盖遮阳网、草帘等。与温室不同的是在棚内不种植物，为专门养殖用，棚内设置立体式的养殖箱或养育床，棚的四周设置防逃的金属网。养殖床的每一层相当于一个大盘子，可用水泥制成，也可用其他材料制成。在设计时要充分考虑操作方便，合理利用空间。床的四周高度以不超过25厘米为宜，冬季还可以在床上再覆盖薄膜，以提高保温效果。

7. 沟池饲养

在背风遮阴的地方挖坑建池，然后将基质饲料放入池中养殖蚯蚓。在投入基质饲料时，一次不能投入太多，待消耗后再分期一层一层地投入，随着基质的不断增厚，把表面蚯蚓集中生活的饲料基质扒向一侧，将下层的蚓粪挖出来做肥料。

8. 肥堆养殖

这是一种经济有效的室外养殖方法。其具体做法是将腐熟的农家肥与较肥的土壤各50%混合或将两者分层交替铺放堆成堆，堆宽1～2米，堆高50厘米，长度不限。基质饲料堆好后，一方面可诱集大量的蚯蚓上堆生活，另一方面可以投放良种蚯蚓。这种方法养殖蚯蚓增殖快，性成熟快，但采捕比较困难。

9. 户外堆埂养殖

此法适于广大农户养殖，农民利用空场地或休闲地，在场地上先分行垫上较宽的塑料薄膜，然后将基料在塑料膜的一边堆上成条的小埂，埂宽 30 厘米左右、高 15 厘米左右，再将蚓种投到埂上，蚯蚓便很快进入小埂的基质中。为保持埂内的温度、湿度和荫蔽度，在埂上盖上稻草。每隔一段时间将覆盖稻草扒开。在小埂上添加一层饲料。遇到大雨或低温气候，可将剩下的一半薄膜掀起盖在小埂上，气候变好后再打开。待下层基料全变为蚓粪后，将埂表面有蚯蚓带卵包的饲料移到塑料膜另一边堆成小埂，再将蚓粪清除。

10. 农田养殖

土栖为主的蚯蚓在农田养殖，既能帮助改良土壤促进农作物增产，又能收获蚯蚓，还可降低蚯蚓的养殖成本。这种养殖方法的缺点是受自然条件影响较大，单位面积蚯蚓的产量低，且不易采捕。

在养殖蚯蚓的农田中，不能种植柑橘、脐橙、柚子、松、杉、柏、樟、橡、桉等树木，因这些树种的落叶含有许多芳香油脂、鞣酸、树脂或树脂液等物质，对蚯蚓有害，并促使其逃逸。另外，农田中不能使用氨水等非中性的化学氮肥（尿素可用），也不能使用农药，特别不能将农药直接施入土壤中。

（二）饲养基质饲料的制备

饲料的好坏是人工养殖蚯蚓成败的关键。用发酵过的动物粪饲养蚯蚓比用腐烂后的植物有机质喂养蚯蚓的产量要高出几倍甚至几十倍。

1. 饲料基质原料的选择

能用作蚯蚓食料的有机物在自然界中十分丰富，如各种畜禽的粪便、农副产品加工后的下脚料、酿造后的废料（如酒糟等）、制糖业的糖渣、造纸后的废浆、木材加工后的锯末、刨花、废纸、生活垃圾（如鱼禽内脏、残菜、剩饭等）、各种杂草、落叶、朽木枯枝、藤蔓、瓜果及各种动物尸体、各种食用菌下脚料和栽培食用菌后的菌块等，都可以用来作为原料。这些原料在使用前都要经过充分的发酵腐熟。

（1）不同种类蚯蚓选用不同种类的原料做饲料　不同种类的蚯蚓对不同种类食料的喜好是不同的。如赤子爱胜蚓喜食经发酵后的畜禽粪便，爱吃堆肥及含蛋白质和糖原丰富的饲料，尤其喜欢具有甜酸味的腐烂瓜果、香蕉皮等；背暗异唇蚓更喜食植物的枯枝落叶及食用菌的腐烂物。多数蚯蚓对酸甜味、腥味有趋性，故在饲料中加入洗鱼水和鱼内脏、烂鱼、禽内脏、含酸甜味的瓜果等物质，能增加蚯蚓的食欲和食量。因此，在饲养蚯蚓时，要留心其对食料的喜好程度，结合本地实际选择好饲料或蚯蚓的种类。

（2）注意饲料中营养成分的配比　蚯蚓饲料中所含的营养成分主要取决于其碳氮质量比，一般认为碳氮质量比在 20～30 是比较合理的。通常在配制饲料时用 60％的粪料和 40％的草料搭配发酵，其营养就能满足蚯蚓发育和繁殖的需要。

（3）喂养蚯蚓的食料必须充分发酵腐熟　养殖蚯蚓虽然比较粗放，但在规模化养殖中每个环节都不能马虎。饲料未经完全发酵腐熟就投入给蚯蚓，不仅使之拒食，而且会在蚓床上（或饲养容器内）二次发酵产生高温并放出大量有毒害的气体（如氨气、硫化氢、甲烷等）引起蚯蚓大量的死亡。尤其是畜禽粪便中有大量的蛋白质和氮，未完全腐熟投入做饲料就会出问题。判断饲料是否完全发酵的标准是：饲料细、软、烂，肉眼不见未完全腐烂的物质，没有刺激性气味，黑褐色，质地松软，不黏滞。

为了以防万一，对发酵后的饲料先进行试投，即取部分饲料放在床上，挖出 20～30 条蚯蚓放在新饲料的表面，如果蚯蚓很快进入新料内不往外爬，说明饲料充分腐熟，可以放心使用了。

2. 堆沤发酵饲料的方法

（1）将用作发酵饲料的原料进行处理　用生活垃圾原料要剔除砖石、瓦砾、塑料、金属、橡胶、玻璃及其他不能腐烂的和含芳香物等有害物质的。用植物性原料，要事先将原料粉碎、切碎或剁成小块，以利发酵腐烂。原料处理后，运送到堆制的地方。堆制地方在夏天宜选在遮阴、通风、水源方便的地方，冬天宜选在避风向阳易升温的地方，运输方便亦不能忽视。

（2）在原料中增加氮源　分解有机物的微生物需要自身的营养，在用于发酵的原料中适当混用氮素，如尿素、硫酸铵等，其用量为原料重量的 0.3% 左右，用硫酸铵做氮源还要另加 0.3% 的生石灰。不用化学氮肥，可用人粪尿代替。

（3）上堆的方法　将混合好的原料上堆，边上堆边踏实并浇水，新堆的水分保持在 60%～80% 为宜。用人粪尿代替氮源的，要边上堆边泼浇稀释的人粪尿液。上堆时，堆中间可插一用干草扎成的草把，作为通气孔，以利好气性微生物的活动。堆的宽度宜在 2 米以上，高度宜在 1 米以上，其长度不限，也可堆成大圆堆。堆越大越长，通气孔宜多设置几个。上堆物质不能堆得太紧，也不能踩得太实。堆沤时要经常补给水分，干燥会引起氨态氮的挥发，过湿又会引起氮素的流失。上堆好后，堆表面盖一层肥土或用塘泥糊一层或盖上其他覆盖物，目的是为了保温、保水分，防氨气挥发等。

（4）翻堆　原料堆沤一段时间后，要进行翻堆，何时翻堆以气温高低而定，气温高，堆的时间短些，反之则长些。

不同的原料，腐熟的时间不一样，单纯植物原料需 60～100 天，动物粪料需 30～70 天，通过人为处理会大大缩短腐熟的时间。翻堆的目的是为了促使堆内气体交流，把堆四周未腐的物质转入堆中，同时促进微生物的活动。冬季堆沤最少要翻 2 次堆。一般情况是第一次上堆后温度急剧上升，以后又下降，降到 50℃ 左右可翻第一次堆。再堆半个月翻第二次堆。

（5）观察堆沤发酵过程　饲料堆的发酵过程是一个很复杂的生化过程，各种有机物分解通常分为三个阶段。

① 前熟期。堆内温度达到 20～40℃ 时，有机物中的糖类、蛋白质、氨基酸等首先被细菌分解，细菌大量繁殖生长，堆温逐步上升，当堆温达 60℃ 时，低温细菌又被高温细菌代替，继续分解上述物质。

② 纤维素分解期。堆温超过 60℃，高温细菌和放线菌大量活动、繁殖，使纤维素外面的木质素被破坏，暴露的纤维素被分解为

有机酸和能源。这时嫌气性的微生物充分发挥作用。

③ 木质素分解期。堆内温度由 80℃下降到 60℃时，木质素被微生物分解成为黑褐色碎片。在堆制饲料的过程中要注意观察，特别是要注意温度和水分的变化。检查温度可将温度计插入堆深层测量。检查含水量可用带侧钩的尖铲插入堆内取出原料观察。如果温度或水分达不到要求则要分析原因，采取补救措施，以使原料能尽快发酵腐熟。

（三）蚯蚓养殖的管理

要养殖好蚯蚓，必须了解并熟悉蚯蚓的生活习性、生长发育和繁殖的特点以及它们在生长发育、繁殖过程中对环境条件的要求。同时，对品种的选择、品种的提纯复壮、合理采收、防逃及对病虫害的防治等方面也要严格把关。只有严格把关并按科学的方法管理，才能获得良好的经济效益。

1. 选用良种和对良种的提纯复壮

养殖蚯蚓的目的不外乎做饲料、做医药及保健品，改良土壤，解决环境污染或是综合利用。用途不同，在品种的选择上应有所区别。若是为了改良土壤用，养殖在农田中，宜选用抗逆性强、野性强、适于土栖的环毛蚓或异唇蚓。要使蚯蚓获得高产或处理垃圾，宜选用赤子爱胜蚓等品种。

初养户在确定养殖品种后，引种时不要从一个地方引，最好在不同地区每次少引一些，然后将不同地区引来的种蚓放在一起喂养，这样做的目的是为了避免近亲繁殖引起种性退化降低抗性和产量。

同一个种在不同的地区存在着品种的差异。可采取引用异地良种与本地良种进行杂交的办法，对养殖的品种进行复壮，或在采捕蚯蚓时，不断选出个体大的、活动力强的、产卵量高的个体分开单养作为种蚓，不断地对养殖的良种提纯复壮。

2. 饲料的投喂方法

不同的养殖方式，投喂饲料的方法是不定的。下面列举几种投喂方法供养殖者参考。在饲养过程中，饲养者亦可根据各自情况，从实践中摸索最佳的投喂方法。

农田养殖的饲料投放：在农田中养殖蚯蚓可在春种、夏种、秋播时节结合作物施底肥，把腐熟的肥料撒入田中让蚯蚓取食。比较经济的办法是开沟投喂饲料，然后覆土在饲料沟上。

设施养殖的饲料投放，不同的设施采用不同的投喂方法，常用的方法有下层投喂法、上层投喂法、分埂投喂法、捏块投喂法、分层次投喂法等。

（1）下层投喂法　在养殖床或养殖器的一侧将旧饲料扒开到一旁，把新的饲料投入到扒开的地方，再把旧饲料覆盖到新饲料上。这种投喂方法有利旧饲料和蚓粪中蚓卵的孵化，因新饲料在下层，蚯蚓会进入下层饲料中活动，受外界干扰少，下层的温、湿度比较稳定，也有利其生活。但这种投喂方法很难将蚓粪与饲料分开，且不易将粪中的卵包和初孵的幼蚓取出另外培养。还会因为粪和饲料混在一起造成饲料浪费。

（2）上层投喂法　此法是将饲料投放于蚯蚓生活环境的表面，每隔一段时间（视蚯蚓对面上一层饲料消耗的程度而定）投放一层，一般肉眼可见上一次投放的饲料都粪化后再投，每次投 5～10 厘米厚的新饲料。这种投喂方法适合于分埂养殖的方式，投食方便，观察方便，有利于清除蚓粪。清除蚓粪时，可在投新饲料前将蚓粪刮走，亦可在投几次饲料后，将上层（蚯蚓生活层）刮在一边，把下层的蚓粪除去。其缺点是新饲料中的水分会下渗，使下部的旧料和蚓粪温度变化大，而表面的温、湿度受外界气候影响大，另外，尚有部分卵包会被埋在深处，对卵的孵化不利。

（3）分埂投喂法　适合于户外堆埂养殖的方式，当老埂的饲料基本上都粪化后，在老埂旁用新饲料堆一新埂，把老埂表面带蚯蚓及卵包、原旧饲料和部分蚓粪刮起加在新埂上。这种方法的主要优点是操作方便，容易把蚓粪与饲料分开，充分提高饲料利用率。其缺点是占地面积大，要经常注意气候的变化和注意浇水，增加人工管理的时间。

（4）捏块投喂法　将饲料捏成块状、球状，在蚯蚓生活的地方挖穴，把饲料块（团）埋入穴内。蚯蚓会聚集在料块四周活动取食。这种投喂方法适合于农田养殖方式或在研究中便于观察，也利于采捕蚯蚓。

（5）分层次投喂法　初养蚯蚓的人比较适合用这种方法。其做法是：在饲养箱（床）中先放 15～25 厘米的基料，然后在饲养箱（床）的一侧挖去一定宽度（根据容器或床的宽度而定）、深 5～10 厘米的基料，在挖除的地方填入松软的菜园土。初养时，将蚯蚓投入泥土上，洒水后，蚯蚓会很快钻入泥土中。如果基料适合蚯蚓生活，它便会迅速到基料中生活；如果基料不适合其生活，便可在泥土中生活，取食时再到基料中去。这样可以避免不必要的损失，同时便于边饲养观察，边摸索适宜的措施。另外，在基料基本消耗以后，采用定点投料、隔行条状投料或块状投料的方法，经常让蚯蚓在床（箱）内转移生活，有利蚓卵包的分离，并可在陈旧的饲料或蚓粪中搜集大量的卵包再另外孵化，有利于成蚓和幼蚓的分类管理。

3. 卵包的孵化管理

蚯蚓一般将卵产于蚓粪或剩余的饲料中，人为很难把卵包与蚓粪、残饲料分开。收集卵包通常是把蚓粪和残饲料一起收集起来，单独放在其他容器或空床上让卵孵化。同一批次的卵包放在一起孵化。不能将不同批次的卵包混在一起孵化。卵的孵化对温度、湿度有一定的要求，特别是温度影响孵化的时间和成功率。

有人观察证明，赤子爱胜蚓的卵在 10℃时，平均需要 65 天才能孵出幼蚓；在 15℃时，平均仅需 31 天孵化率可达 92％；在 20℃时，平均需 19 天；在 25℃时，平均需 17 天；在 32℃时，平均需 11 天，但孵化率仅 45％，且每个卵包孵出的幼蚓只有 2.2 条。在 20℃时，平均每个卵包可孵出 5.8 条幼蚓。由此说明温度的管理对卵的孵化有十分重要的作用。通常认为，卵的孵化在 20℃左右最为合适。

卵包在孵化过程中湿度管理亦很重要，蚓粪过干、过湿都会对卵包有害，过干会使卵包失水，过湿会使卵包吸水后破裂，还会引起缺氧反应或发生霉变。蚓粪和残饲料混合物的湿度保持在50%～60%是比较有利卵孵化的。如果湿度不够，只能采用喷雾法增加含水量，不宜泼浇加水。另外，孵化的场所应保持良好的通风条件。

4. 幼蚓的管理

同一批次的卵包，孵出幼蚓的时间相隔不会太久。幼蚓孵出后呈丝线状，身体弱小、幼嫩，新陈代谢旺盛，生长很快。幼蚓孵出后，应转移到 25～30℃ 的环境条件下养殖，待幼蚓身体变色后，要在饲料中添加一定的引诱物质并集中堆放，把幼蚓全部引诱到新饲料中，然后将饲料带幼蚓取出置于空箱（床）上喂养。不含卵包和幼蚓的蚓粪另行处理，或晒干后作为盆栽花卉的商品肥，或供研究部门提取有用物质，或直接用作植物肥。

喂养幼蚓要注意选择疏松、细软、腐熟而营养丰富的饲料，作成条状或球状投喂，亦可采用薄层饲料饲养。在基质饲料中缺水分时，只能用喷雾增湿，不能泼洒，喷雾次数视情况而定，一般每天喷 2～3 次。

幼蚓抵抗天敌（如蚂蚁、蜘蛛等）和其他有害气体的能力很差，饲养中一定要注意防止天敌和有毒物质的侵害。

5. 养殖中的常规管理

常规管理包括温度、湿度、光照、水分、饲养基质和饲料酸碱度的调节、清洁卫生、养殖密度、越冬、越夏、防治病虫害、防逃、饲料的供给、清除蚓粪等各个方面的管理。

（1）温度、湿度管理　蚯蚓属于变温动物，在 5～35℃ 情况下可以生存，但适合生长发育和繁殖的温度是 10～33℃，其最适温度是 20℃ 左右。所以在建场、建房时就应考虑周年有利温度调节的条件。夏季要能通风降温，冬季要能够增温，至少要保证饲养场温度冬季不低于 0℃，夏季不高于 33℃，否则可能出现毁于一旦的悲剧。

将养殖场（房）设置在防空洞、地道、山洞、窑洞或不含芳香物质的树林中（桑园、落叶果园等）是有利温度调节的。室内养殖的，可在房内安装降温、增温的设备。室外养殖的，夏季可在养殖地面搭盖遮阴棚或在行中开沟种植水生植物，引入长流水在养殖场中迂回流动降温，或在饲养埂的行间种植较高大的植物（如玉米等）遮阴降温；冬季可在地面搭保温棚或安装地热线，或在温棚内生炉子加温。注意养殖场中种水生植物或串流水，水不能淹住蚯蚓生活的基质饲料，棚内生炉子要装好排烟气筒，不能让煤烟漏入棚内。有条件的地方，夏天可从大型防空洞中抽出冷气给养殖房降温，冬天可从四周工厂中引余热给养殖房增温。饲喂蚯蚓的基质和饲料要保证一定的湿度，湿度不够只能用喷雾器喷雾加水，不能泼浇，喷水后表面宜用稻草等覆盖，增加保湿效果。

（2）光照和水分的管理　蚯蚓怕光、怕水淹，室外养殖一定要防强光，防紫外线照射，可在地表盖草，夏季高温最好加盖遮阴棚。养殖基地要不渍水，做到雨住地干，遇到大雨应用薄膜盖在饲养蚯蚓的小埂上，防止雨水冲走饲料基质和蚯蚓。室内照明避免强光灯，饲养床或箱内严禁渍水。

（3）饲养基质和饲料酸碱度的调节　蚯蚓喜在 pH 值中性的条件下生活，在堆沤饲料过程中要注意 pH 值的调节，偏酸可用石灰水调节，偏碱可用过磷酸钙浸出液调节，可考虑用苏打和醋酸调节饲料的 pH 值。测定 pH 值的简单办法是在市面买回 pH 值试纸，将饲料挤出水分浸到试纸上，从试纸颜色的变化判断饲料的酸碱度。

（4）清洁卫生管理　饲养场所及周围环境是否干净、清爽是蚯蚓是否生病的重要因素。随时清除杂物、废物、蚓粪和对环境进行消毒是必不可少的。用旧房改造的养殖房在养殖前都要进行消毒，养殖场周围的杂草、垃圾、杂物也要经常清理，保持干净，必要时还需在周围用药物消毒，这样既可防止天敌侵害，也可防止病菌感染蚯蚓。

（5）养殖密度管理　养殖密度过稀会造成浪费，增加成本。养殖密度过高会发生单位面积上食物、氧气的供应不足。生活空间变狭小后，代谢废物不断增加，生活空间污染，加之个体间生存竞争激烈，蚯蚓会感到烦躁不安，导致个体增重下降，生长发育不良，繁殖率降低，还容易得病而引起死亡。养殖密度大小因品种、个体大小而定。环毛蚓体大，密度应低；爱胜蚓较小，密度可大一些。据有关研究表明：赤子爱胜蚓的初孵幼蚓每平方米可养 4 万余条，一个月后，每平方米养 2 万条左右，一个半月以后到成蚓阶段，每平方米面积养 1 万条左右。饲养密度与面积有关，还与基质饲料的厚度有关，如果饲料及基质装得很薄则不可能养这么大的密度。

（6）适时清除蚓粪　清除蚓粪的一般方法是与投喂饲料同时进行，即在上层投入新鲜饲料后，趁蚯蚓大量进入表层新鲜饲料时，迅速将新鲜饲料连同蚯蚓刮到一侧或刮向两边后，将蚓粪连同废物移出，再将带蚯蚓的饲料均散开铺到养殖床上。

四、蚯蚓的采捕

1. 野生蚯蚓的采捕

自然界中有很多野生的蚯蚓，在选育良种或临时需要部分蚯蚓急用而又暂时无家养蚯蚓的情况下，就需要想办法捕捉野生蚯蚓。利用本地野生蚯蚓资源，选育和驯化当地的优良品种，或利用野生品种与家养品种交配对良种提纯复壮，都必须大量采捕野生的蚯蚓。

采捕野生蚯蚓一般在春、夏、秋三季进行，其具体的方法有下列几种。

（1）直接捕捉法　在天亮前或黄昏蚯蚓出洞觅食时，直接用手电筒等照明进行捕捉。

（2）翻土、翻肥堆捕捉　在蚯蚓活动频繁的农田、果园或堆肥的地方，用钉耙挖掘翻土，发现蚯蚓就拣起装入防逃、能透气的容器中。

（3）药捕法　在蚯蚓较多的地方，每平方米喷洒 7 千克 1.5％的高锰酸钾溶液，或喷洒 13～14 千克 0.55％的甲醛溶液，蚯蚓在药物的刺激下会立即爬出地面，采捕后立即用清水将蚯蚓漂洗干净，用清水漂洗的时间不能长，长了会使蚯蚓缺氧受损害甚至死亡。

（4）灌水捕捉法　蚯蚓怕水，在蚯蚓多的地方用水漫灌，其洞穴进水后，蚯蚓便纷纷爬出地面而被捕捉。

（5）诱捕法　将已发酵腐熟的饲料拌以酸、甜味食物或带鱼腥味的食物，堆放在蚯蚓较多的地方，蚯蚓在晚上会爬到饲料堆上取食，过几天后翻堆捕捉或每天天亮前捕捉。采回的野生蚯蚓如作为观察研究用的，要将其分清种类后分别饲养，便于观察研究和使用。

2. 人工养殖蚯蚓的采捕和蚓卵分离

人工养殖的蚯蚓生长发育到性成熟（环带明显）时，生长变慢，饲料利用率较低了就要进行采捕。另外，蚯蚓的成蚓有不愿与幼蚓同居的习性，如果卵包孵出的幼蚓大量出现后，成蚓也会自动移居或大量逃亡，所以必须对成蚓进行及时采捕。

采捕蚯蚓或把成蚓与蚓粪和饲料分离是一件非常费工费时的事，目前国内外还没有很好的方法，大多还是依靠人工采收。下面介绍几种方法，可不同程度地帮助节约工时，以供参考使用。

（1）容器引诱采捕　用孔径为2～3毫米的纱网制成笼子或网袋，在容器内装上蚯蚓最爱吃的饲料，埋入养殖床（箱）中，经1周左右的时间，蚯蚓会大量从网孔钻入最喜食饲料中，然后将埋入的饲料袋（笼）取出，把蚯蚓与饲料分开。用这种方法也可直接将蚯蚓与卵和蚓粪分开。

（2）设点堆诱采捕　待养殖床（箱）中的饲料基本上被消耗完时，在养殖床（箱）表面先垫上一层废布或旧麻袋片等，把蚯蚓喜食的饲料堆在垫布上，蚯蚓会逐步集中到垫布上的饲料中，然后取出将蚯蚓与饲料分开。这种方法也适合于把卵、蚓粪与蚯蚓分开。

（3）分行轮换饲养　在养殖面积充裕的情况下，可用分行轮换饲养法将蚯蚓与卵分开，然后将蚯蚓与蚓粪分开。具体做法是在饲养场地上，隔行堆放基质饲料，待第一批蚯蚓长大性成熟并产卵后，就不再给老行堆埂上加新饲料了，而是在空行上重新堆基质饲料，让蚯蚓逐步过渡到新行饲料上，这样就把老行堆上的蚯蚓与卵分开了。待老行堆中的卵孵出幼蚓后，将老行扒向一侧堆高，在另一侧重新给新饲料，经一段时间后，幼蚓会集中到一侧的饲料上，剩下的就会是蚓粪了。将蚓粪除去后，留出空地，为下一次分离使用。利用新堆饲料分离成蚓时，也是采用先集中诱集，将成蚓拣出后，再逐步添加饲料或与分离蚓粪后的幼蚓饲料堆合并成新的行堆。

（4）翻床（箱）采捕　直接在饲养床或饲养箱中，用钉耙顺序挖翻，拣出成蚓。这是粗放养殖中被农民普遍采用的方法。

（5）高温驱赶采捕　有条件的地方，在养殖床（箱）下方装加热装置（立体分层饲养床下的加热装置电源插头要分层接），利用电加热使蚯蚓都从基质饲料中向上转移，集中在表面后采捕，同一层养殖床中采捕完成后，再将另一层床加热处理后采捕。

（6）光照驱赶采捕　利用蚯蚓怕光的习性在养殖床表面用较强的光线照射，蚯蚓见光会向下转移，把表面的饲料逐渐刮起，慢慢地蚯蚓就集中在底层了，这样采收成蚓也比较省事。

（7）机械分离采收　主要是通过几级振动筛将卵、蚓粪与饲料分开，再将饲料与蚯蚓大体分开。这种机械装置最终无法解决蚓粪与饲料混合在一起的问题，更无法使蚯蚓与饲料完全分开。机械操作完毕后，还要用人工把蚯蚓从混杂的饲料中拣出，且在振动过程中，许多饲料被振碎后又同蚓粪混合在一起，造成饲料的浪费。

第二节　田螺的人工养殖

田螺既是具有经济价值和风味的水产食品之一，也是黄鳝喜食的饵料（打碎投喂）。田螺肉质厚实，肉味鲜嫩，营养丰富。每100克螺肉含蛋白质 18.2 克，高于禽蛋 80%。

田螺属于软体动物门、腹足纲动物，我国的田螺有田螺和圆田螺两个属。田螺属的螺层不膨胀，有螺旋色带，螺壳表面光滑；圆田螺主要有中华圆田螺和中国圆田螺两种，前者常见，呈长圆锥形，壳高 6 厘米，体螺层膨大，缝合线深，黄褐色或深褐色；后者呈现卵圆形，壳高 5 厘米，体螺层特别膨大，壳顶尖锐，绿褐色或黄褐色。两者螺层为 6～7 层，均分布在长江流域和华北、黄河平原一带。还有分布在我国西南部的胀肚圆田螺和长螺旋圆田螺（石螺）。

一、生活习性

田螺是淡水软体动物，喜栖于冬暖夏凉、土质柔软、饵料丰富的水田、湖泊、河流和沼泽地等环境。干旱时它将软体部完全缩入壳内以靥封闭壳口，以减少体内水分的蒸发。寒冷时钻入泥中呈休眠状态。最适生长温度为 20～28℃，水温高于 30℃和低于 15℃时停止摄食和活动，升至 40℃时开始死亡，10℃以下即钻入土中冬眠。春季水温 15℃以上时，开始摄食、生长，3 月开始繁殖。每次产水螺 20～50 个，经 13～16 个月才能再次繁殖。田螺为雌雄异体，生殖特点为卵胎生，其胚胎发育至仔螺发育都在螺体内进行。雌多于雄，占 75%～80%。田螺初产龄为一周岁，可产卵 30～32只，最迟 14 个月产卵，二三龄者产卵数增多。田螺食性为杂食性，天然饵料主要是浮游植物、青苔及有机碎屑，也摄食水底的水生生物。人工养殖可投喂青菜、米糠和鱼杂及动物内脏等。养殖田螺当年可长到 12～15 克，以最初的 3～4 个月成长最快，以后逐渐减慢，一两年后就不太长了。田螺一般晚上出来觅食、活动，有逃逸的习性，善于利用其特有的吸着力，逆溯水或顺水逃走。因此，养殖池注水闸和排水闸需装设铁丝网防逃。

二、养殖方法

田螺大多生活在稻田、湖泊、河沟等浅水处，随手可拾，采捕方法简易。随着农药等的使用，天然资源减少，而市场需求增加，人们开始进行人工养殖。田螺养殖方法简单，菌种来源方便，病害少。既可以在家庭庭院中饲养，也可在水稻田或休闲田中饲养，还可在池塘、坑函、河沟中饲养。既可以单养，也可与鲤、鲫鱼和泥鳅混养。

（1）养殖设施和放养螺　专用养殖池应设于水源充足，无污染，管理方便之处，池宽1.5米为佳。池内间种些菱笋等水生作物，给田螺一个荫蔽的环境。水稻田或休闲田均可兼作养殖池，以全年不干涸而湿润的沼田较好。土壤以腐殖土为佳。放养密度为每平方米150～180个（重0.8～1.4千克）。可套养鲢、鲤鱼种5尾。田螺与鲤混养，因田螺能被成鲤吞食，最好的方法是混养在一年的稚鲤中，不宜混养在两年的成鲤中。其设施只要修建稚鲤不能逃跑的池，并保持10～15厘米的水深即可。每平方米放田螺150个，稚鲤5尾。

（2）水质和水温调节　首先，要保证良好的水质。田螺对水质要求高，凡是含较多铁、硫质的水，绝对避免使用，以免影响田螺的生存和品质。水质以半透明水为宜，尤以稍混浊的池塘和河沟天然水体最好，这种水含有丰富的天然饵料和充足的氧气。田螺对溶解氧要求高，当溶氧量降至3.5毫克/升时就不摄食了；降至1.5毫克/升时，就会死亡。田螺养殖以半流水式或微流水养殖较为理想，但泉、井水要经处理增氧后灌入。

其次，要保持适度水温。水温最好控制在20～27℃。炎夏水温升高会导致缺氧，在升至30～33℃时，田螺会潜入土中避暑，所以，4月以后，应采取流水方式调节水温和补充氧气，每周换水2次。养殖水的深度一般为30厘米，冬季为提高水温，可降至15～20厘米。

（3）捕捞回的螺经一年饲养，个体可达10克以上，12月至第二年2月这三个月的田螺肉质最好。其捕捞方法简单，除手捡外，也可用直径20厘米、网目2.8厘米的手抄网捕捞，使大者起捕，小者漏网于池中继续养殖。养殖面积较大的，可用炒熟的脱脂米糠和黏土拌和捏成团，投入某处，田螺闻到香味会群集摄食，用手捡其大者，留小的继续养殖。

第三节　蚌类的采捕和养殖

一、河蚌的采捕和养殖

1. 形态和生活习性

河蚌主要的品种有十几种，包括无齿蚌、三角帆蚌、裙纹冠蚌等，大多属蚌蛛科，不仅可作黄鳝饵料，人也可食用，有的还可培育珍珠。其外形由左右对称的两个贝壳包被着蚌体，软体部能完全缩入壳内。

河蚌一般生活于江河、湖泊、池塘水底，营底栖生活。冬、春季寒冷，它在泥沙中只露出身体的后部进行呼吸和摄食。天气暖和时大部露出活动。它主要摄食硅藻、原生动物、轮虫、小型甲壳类等浮游生物，也滤食细小的动植物有机碎屑。河蚌为雌雄异体，一般 3～5 年性成熟。除褶纹冠蚌春秋两次产卵外，其余大多数性成熟后一年产卵 1 次。

2. 人工培育和暂养

为了解决黄鳝的饵料供给问题，除了采捕河蚌外，还可以进行人工养殖河蚌。如果采捕的河蚌数量较多，短期内又吃不完，或者从产区大量购进，都要进行暂养。养殖和暂养可选择池塘、河沟、水质肥沃的水域。养殖方法有下列几种。

（1）底养　将河蚌散养在水底或落底网箱内，如放养在湖泊内，应设竹锚围栏，防止爬散。养殖的水域底质最好是泥沙底或淤泥较少的硬底，以免闷死。放养时切忌将蚌堆放在一起，以防大批死亡。

（2）吊养　吊养有笼养和串养两种，这两种方法可调节蚌的养殖水层，成活率较高，取用也较方便。

① 笼养法。蚌笼以竹片或铅丝做支架，用尼龙丝编织而成，形状多样，大小视具体情况而定。笼子垂吊在固定的竹架或木桩的粗塑料绳上，笼间距 1 米左右，一般每只笼装蚌 10～15 只。具体

数量应视笼和蚌的大小而定。

②串养法。在河蚌的壳顶部钻孔、穿绳，吊于水中养殖，常用的串养法有固定架吊养、活动架吊养、塑料绳吊养。串养法费工费力，较少采用。

二、河蚬的养殖

河蚬又称黄蚬，属蚬科。壳坚硬，呈圆底三角形。广泛分布于我国江河、湖泊中，近些年开始养殖，养殖方法简易。其营养丰富，粉碎后作为黄鳝、鳖等的饵料。

河蚬在体外受精，卵发育成为面盘幼虫，在完成浮游生活阶段后，开始生长贝壳，并沉到池底，将壳体埋在池底淤泥中，只将吸管伸在水中进行呼吸，摄取饵料。养河蚬的池塘，不能注入农药和化肥水，这最容易引起河蚬的死亡。水质也不宜过分肥沃，池的底质以砂土为宜。水深保持1米左右，每亩可放养河蚬种苗 60～130 千克。河蚬在池塘中能不断繁殖，因此，第二年投放种苗可适当减少。河蚬种苗的规格为 800～4000 个/千克。若从外地购买蚬种，可装入麻袋或草包中运输，为减少途中死亡，应保持一定的湿度，也不要堆放得过厚。在放养前，应先将池水排干，在日光下曝晒2～3 周再注水。在池塘中养殖时，应投喂豆粉、麦麸或米糠，也可施鸡粪或其他农家肥料。河蚬的生长率，根据饲养条件而定，苗种平均重约 0.11 克，饲养一个半月可增重 4 倍，达 0.45 克；3 个月可达 0.91 克；4～4.5 个月可达 2.25 克；5～6 个月可达 4 克；7～7.5 个月可达 5.4 克，体重相当原苗种的 50 倍，这时即可采捕。

起捕河蚬时，可采用带网的铁耙，捕起后再用铁筛分出大小，将较小的个体仍放回原池继续养殖。值得注意的是，河蚬可与鲢鱼、鳙鱼、草鱼混养，但不能与青鱼、鲤鱼混养。

第四节　黄粉虫的培育

黄粉虫，又叫面包虫，为鞘翅目、拟步行科、粉甲属的昆虫，可以代替蚯蚓为黄鳝等的活饵料。黄粉虫营养价值很高，幼虫含粗蛋白 64%，脂肪 28.56%，蛹含粗蛋白 57%，成虫含粗蛋白 64%。黄粉虫养殖技术简单，一人可以管几十平方米养殖面积，并可进行立体生产。黄粉虫无臭味，在居室中养殖，设备简单，成本较低。1.5～2 千克麦麸可以养成 0.5 千克黄粉虫。

一、黄粉虫的特性

1. 黄粉虫的形态特征

黄粉虫一生经历卵、幼虫、蛹和成虫四个阶段。

（1）卵　长 1.2～1.4 毫米，椭圆形，乳白色，有光泽。

（2）幼虫　老熟幼虫体长 28～32 毫米。初孵幼虫乳白色，后变为黄褐色，各节背面后缘褐色。触角第 2 节长为宽的 3 倍或与第 1 节近等长。各足转节腹面近端部有 2 根粗刺。第 9 腹节宽大于长，背端臀突的纵轴与体背面呈直角。

（3）蛹　体长 15～18 毫米，刚化蛹乳白色，渐变成黄褐色，各节后缘黄褐色，无毛或有少量微毛，有光泽。翅短，仅伸达第 3 腹节。第 3 腹节以后各节明显向腹面弯曲，各腹节背面两侧各有 1 侧突，腹末有褐色尖肉刺 1 对，腹末腹面有不分节的乳头状突 1 对。雄蛹的乳头状突小，不显著，基部愈合，端部伸向后方；雌蛹乳头状突大而显著，端部扁平稍有骨化，显著向后方外弯。

（4）成虫　体长 15～18 毫米，扁平长椭圆形，深褐色，有脂肪样光泽。触角近念珠状，11 节，末节长大于宽，第 3 节长度短于第 1、2 节长度之和，约为第 2 节长度的 2 倍。前胸背板宽略大于长，表面密布刻点。鞘翅刻点密，排成 9 行，鞘翅末端圆滑。

在引种、饲养时应区分好黄粉虫与黑粉虫的区别。黑粉虫成虫体较黄粉虫扁平，体暗褐色，黄粉虫为黄褐色。幼虫胴体各节为黑褐色，节间与腹面为黄褐色，而黄粉虫胴体各节背中部及前后缘为黄褐色，腹面及节间为淡黄色。黑粉虫触角末节宽大于长，第 3 节大于第 1 节与第 2 节之和，而黄粉虫恰恰相反。

2. 黄粉虫的生活习性

黄粉虫是杂食性昆虫，凡是有营养的物质都可作为它的食物，大多生活在各种农副产品仓库中，如粮仓、饲料库、药材库等。在自然条件下，黄粉虫在我国北方地区一年可发生 1 代，南方地区一年可发生 2 代，以幼虫越冬。在人工控温条件下，黄粉虫可发生 2～4 代。黄粉虫各虫态历期的长短，主要取决于温度、湿度。生长发育适宜温度为 25～28℃，相对湿度为 78%～90%，饲料含水量 70%～80%。在适宜的饲养条件下，成虫历期 60～90 天，卵历期 5～8 天，幼虫历期 80～120 天，蛹历期 5～11 天。成虫后翅退化，不能飞行，善爬，喜黑畏光，常常夜间活动。成虫羽化后需要补充营养，取食麦麸、黄豆粉、菜叶等饲料后，才能正常交配产卵。成虫日夜均可交配，一般羽化后 3～4 天进行交配，羽化后 6～24 天为产卵高峰期，每头雌虫产卵量在 280～580 粒，最多达 800 粒以上。卵产于饲料中，卵表面有黏液，黏附大量饲料碎屑。卵壳薄而软，易受机械损伤。卵的孵化时间与环境温度、湿度的关系很大，当环境温度在 25～32℃时，卵的历期为 5～8 天；温度在 19～23℃时，卵的历期在 12～20 天；温度低于 15℃时，卵很少能孵化。同时，卵在孵化时环境湿度不宜过高，相对湿度以 55%～75% 较合适。湿度过高，会造成卵块霉变，降低卵的孵化率。

幼虫喜群居，喜食麸皮、黄豆粉、菜叶、果皮等，营养成分丰富的饲料可加快生长速度；多在距表面 4～5 厘米的饲料中活动取食，蜕皮时常爬到饲料表面，刚蜕皮的幼虫为乳白色，十分脆弱，约 20 小时后虫体才变为黄褐色。幼虫在饲养过程中若密度过大或缺食时，会自相残杀，有时还把蛹咬伤。

老熟幼虫常常爬到饲料表面化蛹。初化蛹时虫体呈白色，体壁较软，隔日后逐渐变成淡黄色，体表也变得较坚硬。黄粉虫的成虫和幼虫随时都可能残食蛹。蛹只要被咬破一个小口就会死亡或羽化出畸形成虫。处于蛹期的黄粉虫对温度、湿度要求也较严，如果温度、湿度不合适，造成蛹期过长或过短，都会使蛹易染病，降低成活率。一般来说，在 25℃ 以上，蛹才能正常羽化，在 20℃ 以上才能越冬，在过高或过低的温度环境下很少有正常羽化的成虫。适宜的羽化湿度应为 65％～75％（相对湿度），湿度过大会造成蛹的背裂线不易开口，成虫出不来而死在蛹壳中；若湿度过低，即空气太干燥，则会造成成虫蜕壳困难，发生畸形或死亡。

二、黄粉虫饲养技术及病虫害防治

1. 用具

饲养黄粉虫的容器可因地制宜，因陋就简。最简陋的方法是采用面盆、大浴盆、瓷盆、瓦缸等。较大规模的养殖，可采用统一规格的搪瓷盘、塑料面包盒、木制盒等，摆放在架子上进行立体饲养。木盒可用纤维板或木板制作，大小一般为 60 厘米×50 厘米×7 厘米，四周贴一层塑料薄膜，防止幼虫和成虫爬出。这种木盒用于饲养幼虫时称为幼虫盒；用于放蛹时称为蛹盒；成虫产卵盒应由1 个饲养盒和 1 个卵筛组成，卵筛底部钉铁窗纱，将卵筛放在饲养盒内，再接入成虫饲养。在卵筛中雌成虫可将产卵器伸至卵筛纱网下面产卵，这样可以避免成虫将卵吃掉。饲养架可用木或铁制作，大小一般为 1.5 米×1.3 米×0.4 米，每层间隔 0.4 米，放置容器用，木架的四脚，分别置于 0.15 米深的瓷盆中央，瓷盆放水，以防蚂蚁，饲养架要与墙壁隔开。饲养架上面几层放瓷盆，最下层根据需要，以安置不同功率的热源。饲养室可用普通的房间代替，窗户应安装窗纱，室内四壁及地面应光滑无缝隙；饲养室体积大，可用 500 瓦以上的电炉，体积小，可用不同功率的灯泡，为了保持饲养的湿度，可在饲养室放置一盆冷水，也可用容器装水放电炉上加温，进行保温保湿。

不管采用何种饲养容器，内壁都要光滑，并上有纱窗做盖，防止幼、成虫爬出及蜘蛛、壁虎等天敌侵害。另外，饲养室最好能选择空气对流，冬暖夏凉的环境。

2. 饲料

黄粉虫易饲养，但并不是说什么饲料都可以，经多年的实验表明，养殖黄粉虫与其他养殖业一样需要复合饲料，即在麦麸的基础上适量加入添加剂。复合饲料的配方也很多，现从一些参考资料上摘选几个配方，读者可因地制宜灵活采用。

精饲料1：麦麸、米糠的比例1∶1，加入适量的酵母粉（西药店购的酵母片须捣成碎末）；或麦麸加少量多种维生素（以维生素C、B族维生素为主）。饲料要保持新鲜，不霉变，最好在烈日下翻晒，或高压消毒。

精饲料2：麦麸70％，玉米粉25％，大豆4.5％，饲用复合维生素0.5％。以上成分拌匀，经过饲料颗粒机膨化成颗粒，或用16％的开水拌匀成团，压成小饼状，晾晒后使用。此饲料主要饲喂生产用幼虫。

精饲料3：麦麸40％，玉米麸40％，豆饼18％，饲用复合维生素0.5％，饲用混合盐1.5％。加工方法同精饲料2的加工方法。用于饲喂成虫和幼虫。除了精饲料外，在饲养过程中常常需要一定的青饲料搭配饲喂，青饲料一般用青菜叶、丝瓜叶、龙葵叶、革命草、胡萝卜片。下料时要洗干净，以防病菌感染或残留农药。一般1～2千克糠麸加1千克左右的青料，可得0.5千克黄粉虫。

另外，大规模养殖时，可使用发酵饲料，利用麦草、木屑、树叶、杂草等，经发酵后饲喂。采用含木质纤维的饲料，既可降低养殖成本，又可将废弃的农、林、副产品转化为优质的动物蛋白质，不与牲畜争饲料，带来巨大的社会效益和生态效益。

饲料的加工过程中应注意保持饲料的卫生，保持饲料质量最重要的因素是饲料的含水量。黄粉虫饲料的含水量一般不能超过16％。如果含水量过高，与虫粪混合在一起易发霉变质。黄粉虫摄食了发霉的饲料会造成其患病，幼虫成活率降低，蛹期不易正常完成羽化，羽化成活率低。在工厂大规模养殖时，将饲料加工成颗粒形是十分理想的。颗粒饲料含水量适中，经过膨化时的瞬间高温处理，起到了消毒灭菌和杀死害虫的作用，而且使饲料中的淀粉糖化，更有利于黄粉虫消化吸收。加工时应分别加工成不同直径的颗粒来适应不同龄期的黄粉虫取食，小幼虫的饲料直径在0.5毫米以下，大幼虫和成虫的饲料直径在1～5毫米。此外，要注意饲料的硬度，过硬的饲料不适合饲喂，特别是小幼虫的饲料更要松软一些。没条件加工饲料的可将原料用10%的清水拌匀晒干备用。对发霉的饲料和生其他虫的饲料要先高温消毒灭虫，或曝晒再用。

3. 虫种的选择

优良虫种的选择在黄粉虫生产中十分重要，一般来讲，因近亲繁殖和人工饲养中不利因素使部分黄粉虫生活能力下降，抗病力下降，生长速度变慢，个体变小，出现退化现象，因此最好隔3代就换一次虫种。在养殖过程中选择较好的个体，留作种虫用。选种的标准介绍如下。一是个体大，这一般可用称量法来判断，即计算老熟幼虫每千克的头数，每1千克幼虫含有3500~4000只的为好。二是生命力强，虫爬行快，对光反应强，喜欢黑暗。常群居在一起不停活动的虫子，把其放在手心时，它会迅速爬动，遇到菜叶或瓜果皮时会很快爬上去取食。三是形体健壮，虫体较充实饱满，色泽金黄，体表发亮，腹面白色部分明显，体长在30毫米以上。种虫应从幼虫期就加强营养和管理：饲养环境温度保持在24~30℃，相对湿度应在60%~75%；饲料应营养丰富，组分合理，蛋白质、维生素和无机盐充足，特别到了成虫期，饲料中可添加蜂王浆等可刺激繁殖产卵的营养物质。

4. 饲养管理

（1）卵的收集和孵化　成虫羽化后，在成虫产卵盒的卵筛纱网下面铺一张纸做接卵纸，撒少量麦麸，将成虫放入产卵盒中，成虫密度以每平方米面积保持在5000~10000只为宜。雌雄比为（3.5~5）：1。为使成虫能正常交配产卵，应用精饲料和青饲料饲喂成虫。用水将精饲料和成小团，投放在卵筛纱网上，青菜切成小方块。一次投放饲料不宜过多，应以当天投放的饲料当天吃完为好。每3天取一次接卵纸，转移到幼虫盒中撒上一薄层精饲料，接卵盒中则另换上新的饲料和纸，供成虫产卵，如此反复收集卵。将同批产的卵放在一个幼虫盒中，同期孵化的幼虫放在一起饲养。

（2）饲喂幼虫　低龄的幼虫可用细麦麸配制的精饲料饲喂，3龄以后的幼虫用粗麦麸配制的精饲料饲喂。精饲料可一次性投放，饲料厚度保持在 5 厘米左右；也可每天投放。饲料含水量应保持在 14% 左右。幼虫饲料要精、青饲料搭配。前期以精饲料为主，适当投放青饲料；中后期在精饲料满足的情况下每天应保证有青饲料。在饲料过干或天气炎热的情况下，更要注意投放青饲料。青饲料可切成 1 厘米² 的小方块投入。要注意饲料的清洁，若饲料变质时，要及时更换饲料。更换饲料时，可用虫筛将幼虫和饲料分开，再投入新鲜的饲料。

(3) 饲养密度 黄粉虫幼虫喜欢群居，适宜的饲养密度可促其生长发育，密度太低产量不高，密度太高对其生长不利，特别是高龄幼虫会互相残杀。各龄幼虫大小差别很大，要分龄饲养。在饲养过程中应随虫体生长不断调节幼虫饲养密度。在饲料厚度 5 厘米情况下，一般刚孵化的幼虫密度可保持在每平方米 174 万头左右（约 4.0 千克），高龄幼虫可保持在每平方米 2.6 万头左右（约 4.0 千克）。

(4) 筛除虫粪 幼虫在取食过程中直接将虫粪排入饲料中，虫粪比重大，加上幼虫的活动，大多数虫粪落到养虫盒底部。为保持饲料的清洁，应注意清除虫粪。1～3 龄幼虫用 100 目筛网除虫粪，每隔半个月筛除 1 次；高龄幼虫每星期清除 1 次，3～8 龄幼虫用 60 目筛网，10 龄以上的幼虫用 40 目的筛网。筛除虫粪后应添加新鲜饲料。筛除的虫粪发酵后可用作花肥，或与精饲料按一定比例混合后，再喂黄粉虫。

(5) 分离幼虫 即使是同期孵化的幼虫，在生长过程中有时也会出现生长不一致的现象，大幼虫会咬伤小幼虫。为实现在同一养虫盒中养虫龄一致的幼虫，在高龄幼虫期，应及时把大小幼虫分离。

(6) 分离蛹 幼虫化蛹时，应及时将蛹与幼虫分离，否则幼虫会咬食蛹。分离蛹的方法有手工挑、过筛选蛹等。少量的可用手工挑选，蛹多时用筛网筛出，然后将蛹集中放在蛹盒里，同一天化的蛹放在一起。

(7) 分离成虫 在同一批蛹中，成虫羽化有时也不一致，先羽化的成虫会咬食尚未羽化的蛹，所以应及时将羽化的成虫与蛹分离开来。有几种分离成虫的方法。一是投放菜叶诱集成虫，即在成虫羽化时往蛹盒中放一些较大的菜叶片，成虫爬到菜叶上取食，然后将菜叶连同成虫一起取出，放到成虫产卵盒中。二是将浸湿的黑布盖在蛹盒中的蛹和成虫上面，过 $1\sim2$ 小时成虫爬到黑布上，把黑布移至成虫产卵盒中，把成虫拿下。三是成虫比较少时直接可用手挑出。

（8）成虫繁殖　黄粉虫多在夜间交配，在交配过程中若遇光的刺激往往会受惊吓而终止。因此在成虫繁殖过程中，应有黑暗的环境并要减少干扰。交配的温度也较严格，应保持在 $20\sim32$℃。交配产卵期间要供给营养丰富的饲料，有报道称，在精饲料中加入2%的蜂王浆可使雌虫的排卵量成倍增加，平均每头雌虫可达日产卵量 880 粒。

5. 养虫室的温、湿度管理

养虫室的温度最好控制在 $25\sim28$℃，相对湿度控制在 $70\%\sim80\%$。夏季室内温度过高时，可利用风扇降温；冬季如要繁殖生产时，可利用油汀或电炉升温，使温度达到 20℃ 以上。若冬季不生产，可让幼虫在自然温度下越冬。为了保持饲养室的湿度，可经常在室内洒水，或将水壶放在电炉上加温，进行保温保湿。

6. 黄粉虫天敌及病害防治

黄粉虫的天敌大致有蚂蚁、螨、壁虎和老鼠等。主要病害有软腐病、干枯病等。

（1）螨　螨是黄粉虫的体外寄生虫，对黄粉虫危害极大，能导致黄粉虫生长迟慢，繁殖力下降，孵化率降低。饲料湿度过大，气温太高，不注意清洁容器，饲料温度调节不适宜，都会导致饲料上长螨。

防治方法：一是要搞好饲养室及容器的清洁卫生；二是对麦麸和糠消毒后再投喂；三是投干爽的青料，并及时清理残食；四是调节好室内湿度和保持空气流通；五是可用 4% 的三氯杀螨醇稀释1000 倍喷洒墙角、地板、瓷盘或饲料，有条件的也可喷射百部酒精溶液。

（2）蚂蚁　蚂蚁是黄粉虫的大敌，必须切实做好防蚁工作。

防治方法：一是用箱、盆等盛水垫在饲养架的四个脚上；二是在养殖黄粉虫的缸、池、箱、盆等器具四周，每平方米均匀撒施2.5千克生石灰，并保持生石灰的环行宽度在 20～30 厘米，利用生石灰的异味来驱避蚂蚁；三是用毒饵诱杀，取硼砂 50 克、白糖400 克、水 800 克充分溶解后，分装在小器皿，并放在蚂蚁经常出没的地方。

（3）老鼠　小家鼠和褐家鼠是饲养黄粉虫的主要敌害。如发现鼠害，除猫捕鼠方法外，最好能用鼠药防治，可使用广东省昆虫研究所监制的敌鼠钠盐毒谷毒杀。只要把毒谷分放在老鼠经常出没的地方，供其取食，即可达到灭鼠目的。也可采用机械的防护办法，如在饲养架中罩铁丝网，防止老鼠进入饲养区。

（4）软腐病　软腐病为细菌性病害。此病多发生于梅雨季节，发病的黄粉虫幼虫行动迟缓，食欲下降，粪便稀清，最后变黑，软烂死亡。幼虫感染软腐病后造成脱皮困难而死，蛹感染后无法羽化，最后死亡。病因主要是室内空气潮湿，饲料过湿，放养密度过大。在幼虫清粪及分拣过程中，用筛过度造成虫体受伤。

防治方法：一是及时取走软虫体，停放青料，清理残食；二是调节室内湿度；三是用 0.25 克氯霉素拌麦麸 250 克投喂。

（5）干枯病　虫体患病后，从尾部或头部干枯，发展到整体干枯。病因是相对湿度太小，饲料过干。

防治办法：在干燥高温季节，及时投青料或在地板上洒水降温。

这里介绍一下黄粉虫的运输与储存。黄粉虫一般以活体运输，若不注意条件的控制，就会造成虫大量死亡，带来较大的经济损失。这是因为在运输和储存中不可避免会惊扰虫子，若虫密度过大，虫在不停爬动互相摩擦使局部的温度增高而造成死亡，特别是在夏季运输中，很容易造成大量的虫子死亡。若在运输的容器中添加适量的虫粪或饲料则可在很大程度上解决此问题。常用的方法是：在运输包装箱中掺入虫重 30%～50% 的虫粪或饲料，与虫子拌匀。另外，有条件的，可将虫子煮或烫死后包装冷冻保存（－15℃），需要时随时取用。

第五节　家蝇的人工养殖技术

一、家蝇人工养殖的特点

1. 繁殖速度快，产量大

蝇蛆生活周期短，能高密度繁殖，繁殖速度快，生物量大，在适宜的温度条件下，每 14～15 天就可以完成一个世代。

2. 饲料低廉，简单易得

家蝇是杂食性昆虫，可利用的饲料原料非常多，且多是农副产品的废料和食品厂、造纸厂等的下脚料，如麦麸、米糠、人畜粪便、豆渣、酒糟等，成本低，原料易得。

3. 设备简单，饲养容易

家蝇成蝇一般采用笼养，只需在笼中供应食物、水即可，幼虫饲养可采用缸、箱、池等多种设备。家蝇对环境要求不严格，适宜的温度、湿度有利于家蝇的生长发育。家蝇没有什么病害发生，只需防止老鼠等危害即可。

4. 清洁卫生

家蝇养殖应因地制宜，就地取材。另外在饲养过程中要特别注意操作人员安全，因为在大量饲养家蝇时，饲养室中会有大量氨气和二氧化碳存在，要注意通风，对剩余饲料应及时集中处理，防止对环境造成污染。

二、饲养设备

1. 养虫室

养虫室为砖木或水泥结构，房间大小应根据养蝇数量确定，不能选择存放过化肥、农药、化工原料或其他有毒物质的旧房。地板、墙角平整，无裂缝，具有防鼠设施。可在室内配备控温、控光等设备，实现周年养殖。成蝇和蝇蛆既可分开养殖，也可在同一房间内养殖。一般认为日产 10 千克蝇蛆，所需饲养房大小为 4.5 米×3 米×3 米，分开养殖时，前半间光线充足，可用于成蝇饲养，后半间光线较暗，用于饲养幼虫。设纱门、纱窗，以防成蝇逃逸，并可防止蜘蛛、壁虎等天敌侵入。因房内容易聚集氨气等有毒气体，人进入其中应小心，并要安装排气扇。

2. 多层养虫架

可用砖砌成固定式，也可用木条或角铁制作。其规格根据需要而定，养虫架每层距离为 25～30 厘米，层与层之间以木条相隔，上方、后面及两侧为窗纱，前面为纱门；砖砌养虫架上方为水泥板，后面及两侧为砖壁，前面安装纱门。

3. 蝇笼

蝇笼可用铁丝或木条做架子，规格自定，在顶部和四周蒙上窗纱或 60 目铁丝网做网罩，外面用其中一面留有纱布袖套，以便于操作。为增加成蝇栖息面积，可在蝇笼内悬挂布条，蝇笼内还应配备饮水器、饲料盘和产卵器。

4. 育蛆器具

小规模养殖可采用缸、盒、箱等育蛆。一般用 0.6 米×0.45米×0.1 米的箱，上面用纱网覆盖，放置于多层饲养架上，多层饲养架可用木条或金属制成。大规模养殖则可采用长方形育蛆池，育蛆池一般为 1.2 米×0.8 米×0.4 米，池底不能渗水，上面用纱网覆盖，为充分利用空间，还可建造多层育蛆池，每池均设纱门。室外养殖可用砖建成养蛆池，池周围开排水沟，池上方修雨棚或防雨盖。

5. 集卵器

可用不透明的塑料筒或塑料杯做集卵器，一般直径 6 厘米，料盆做诱卵器。

三、成蝇饲养

1. 种蝇来源

起始虫源的好坏对养殖成功与否有很大影响，适应性差或生活能力差的虫源会使新建种群过早衰退。种蝇来源可分两种途径。一种是诱捕，即在家蝇活动季节，将适宜的产卵基质放在室内或室外，引诱成蝇产卵，羽化后的成蝇即可作为种蝇。一般可用麦麸、米糠加上0.01%的碳酸氨水溶液配置成半干半湿状，放入集卵器中即可，也可用畜禽粪便直接制成产卵基质。另外一种途径是从研究单位或家蝇养殖场引种，引种时应注意引进优良品系，引种后应注意防止退化，不断选育、复壮。

2. 成蝇饲料

一般来讲，奶粉、鱼粉、动物内脏、白糖、红糖等都可以作为家蝇饲料，但奶粉、鱼粉、白糖、红糖价格较高，不适宜在大规模人工养殖中采用，一般仅在实验室采用，动物内脏不宜储藏、运输，动物粪便价格便宜，既可减少粪便对环境的污染，又可减少麦麸、玉米粉等的用量，降低饲料成本约60%，值得在养殖业中推广，但粪便营养不充分，用其养殖的家蝇个体小，应在饲料中添加蚬、蚌、螺等的水汁或奶粉等，可更有利于蝇蛆生长，提高蝇蛆产量。

目前生产上常用的配方为：家蝇幼虫糊70%，麦麸25%，啤酒酵母5%，蛋氨酸90毫克；或者蛆浆55%，啤酒酵母5%，糖40%，加水混合均匀，搅拌成糊状；或者蚯蚓糊60%，糖化玉米粉糊40%；或者糖化面粉糊80%，家蝇幼虫糊或蚯蚓糊20%。家蝇幼虫糊和蚯蚓糊是将鲜蛆或蚯蚓绞碎制成，糖化面粉（玉米粉）糊是将面粉（玉米粉）加7倍的水加热煮成糊状，然后按总量的10%加入"糖化曲"，在60℃条件下糖化8小时即可。为防止其腐烂变质，还可加入0.001%苯甲酸钠做防腐剂。

3. 饲养管理

（1）饲养密度 每只成蝇拥有的最佳栖息空间为6~8厘米^3，

成蝇的最佳饲养密度为每立方米空间 12.58 万只成蝇。若养殖房或蝇笼体积不够，可在里面悬挂布条或绳索以增加栖息面积。

（2）饲喂成蝇　在适宜温度下，蝇蛹放入蝇笼内 3～4 天即可羽化，此时应提供饲料和饮水，饲料应用水调成稀糊状，用量以当天食完为宜。一般来讲，每头成蝇一昼夜需要 4 毫升脱脂乳和 4 毫升水，因此每立方米空间中 12.58 万只成蝇每昼夜需 50.32 万毫升饲料和 50.32 万毫升水。在 23℃ 以下时，可于每天上午将饲料盘取出清洗后放入新鲜饲料，同时更换饮水，保持清洁；在 24～30℃ 时，家蝇取食多，产卵旺盛，应于每天上、下午各更换饲料 1次。为防止成蝇落入饮水盘中，可在饮水盘中放入一块海绵。

成蝇室的温度以 24～30℃ 为宜，不得低于 20℃ 或高于 30℃，成蝇室的空气相对湿度以 50%～80% 为宜。夏季可安装风扇或空调降温，冬季可采用立式电炉或蒸汽管道升温。

成蝇产卵期间湿度不能过高，否则产卵不成块。成蝇室每天的光照时间应不少于 10 小时。要注意保持室内及各种饲养器具清洁，应经常清洗饲料盘、饮水器，打扫蝇笼及房间。饲料和水应及时更换，一般每日上、下午各更换 1 次。在更换饲料、饮水及取卵时应特别注意防止成蝇逃逸，另外要注意关好门窗，防止老鼠、蚂蚁等天敌进入。

（3）蝇卵收集　成蝇羽化后 3 天即可开始产卵，此时就应该在蝇笼或养蝇室中放置集卵器。将麦麸或米糠加上 0.01% 的碳酸氢水溶液搅拌成半干半湿状，以手捏成团、触之即散为宜，作为诱集家蝇产卵物质，装入集卵器中，装入数量为集卵器高的 1/4～1/3。由于家蝇产卵时间一般在 8:00～15:00，因此应在每天 12:00 时和16:00 时各收集卵 1 次，收集时，将卵和诱集产卵物质一同放入幼虫培养室，集卵器洗净后装入新的诱集产卵物质，重新放回蝇笼。成蝇产卵历期一般为 25 天左右，但高峰期一般在羽化后 15 天内，因此羽化后的成蝇饲养 20 天后就应该淘汰，可将蝇笼中饲料盘、饮水盘取出，使家蝇饿死，也可升高温度促使其死亡，清除死蝇后的蝇笼应用稀来苏儿或稀碱水浸泡，洗净晾干后再用。

（4）蝇卵消毒　蝇卵用灭菌水清洗后，放在5％的甲醛溶液中浸泡5分钟，再用灭菌水清洗数次后放在垫有灭菌滤纸的培养皿中培养，温度为25～28℃，待幼虫孵化后移入幼虫饲养箱中饲养。

四、蝇蛆饲养

1. 蝇蛆饲料

大规模饲养蝇蛆可采用比较经济的饲料，即用农副产品的下脚料如麦麸、米糠、豆渣、酒渣、甘薯渣、甘蔗渣等，或利用鸡粪、牛粪、马粪等配制而成，有条件的科研单位或实验室可采用人工饲料。下面是几种人工饲料配方。①喂鼠饲料加麦麸（1∶1）或麦麸加红糖（19∶1），饲养效果较好，蝇蛆化蛹率高。②麦麸150克，米糠50克，奶粉10克，啤酒酵母2克，水300～450毫升。饲料含水量应控制在65％～70％，外观稀烂但缺乏流动性，接卵前饲料应发酵12小时左右，饲料pH值应在6.5～7.0，过酸过碱都对幼虫生长不利，过酸时可用石灰水加以调节，过碱则用稀盐酸调节。在饲料中加入酵母可缩短幼虫生活周期。在麦麸中加入糖化酶0.125克/50克，可显著提高幼虫生物量、饲料效率、粗蛋白转化率和粗脂肪转化率。

2. 接卵

在每立方米养蛆池中放入约40千克饲料，厚度以5厘米为宜，为便于通气，饲料表面可高低不平。每平方米接蝇卵20万～25万粒（20～25克），将蝇卵均匀撒在饲料表面。

3. 饲养管理

幼虫饲养室应保持黑暗条件，室内温度要保持在20℃左右，饲料温度应保持在25～35℃。低龄幼虫特别是1龄幼虫需要较高温度，幼虫老熟后则需要较低的温度、湿度。幼虫孵化后，逐渐向下取食，随着幼虫的活动、取食，饲料会逐渐变得松软呈海绵状，臭味减少，含水量降低，体积减小，此时可根据幼虫密度、生长取食情况及饲料消耗情况适当补充新鲜饲料，否则蝇蛆容易逃逸。3

天以后，将上层变色饲料和排泄物清除，再添加新鲜饲料。蝇蛆从卵孵化出的第 2 天是蝇蛆生长的关键时期，这段时间要严格控制温度、湿度、通风等环境条件和饲料质量。幼虫应保持适当密度，若密度过高，则易造成拥挤和营养不良，若密度过低，则饲料不能充分利用，剩余饲料容易结块和发霉，造成浪费。当密度适宜时，幼虫取食活跃，生长发育整齐。养蛆盒上面要加纱网盖，防止蝇蛆逃逸及老鼠、蚂蚁侵入。

4. 分离采收

在 24～30℃条件下，经 4～5 个昼夜，蝇蛆个体可达到 20～25 毫克，此时幼虫趋于老熟，即将化蛹，应及时采收分离。老熟幼虫喜在干燥环境中化蛹，化蛹前应严格控制饲料含水量，若饲料含水量过高，会造成幼虫逃逸。若生产的目的是为了得到蝇蛹，可在培养料上面或四周铺 3 厘米厚的木屑或干麦麸，老熟幼虫即钻入其中化蛹，当多数幼虫化蛹后，将上层干饲料和蛹一起收集起来，然后用分样筛将其分离，分离后的蛹放到成蝇饲养笼中，暂时不用的蛹可放于冰箱中保存，据研究，在 10℃条件下，保存 5 天的蛹羽化率达 95％，保存 10 天的蛹羽化率达 83％，保存 14 天的蛹羽化率达 60％。若生产目的是为了得到幼虫，则可利用幼虫分离箱把幼虫从培养料中分离出来。由于幼虫具有避光性，见光下钻，反复多次则幼虫都集中在暗箱中，再用 16 目筛将剩余的少量饲料筛除，即可分离出全部幼虫。

第十二章 黄鳝养殖保险简述

水产养殖保险是指以水产养殖生物为保险标的，当从业者在水产养殖过程中遭受自然灾害、意外事故、鱼类疾病、市场风险等带来的经济损失时，保险机构为其提供经济补偿的一种保险。它具有保险标的的特殊性、保险期限的周期性、保险责任的难以确定性、道德风险的易发性等特征。水产养殖保险的种类可分为淡水养殖保险及海水养殖保险，它的基本职能是为水产养殖保驾护航，此外，水产养殖保险还从微观和宏观两方面发挥着巨大作用。

对水产养殖原保险经营主体的确立涉及水产养殖原保险由何人经营的问题，是水产养殖保险制度的关键部分。我国水产养殖原保险经营模式的理性选择应当是建立以中国渔业相互保险公司为核心，以商业性保险公司为补充的经营模式。水产养殖原保险是通过投保人与保险人签订并履行保险合同的方式来实现的。由于水产养殖原保险本身具有特殊性，水产养殖原保险合同的订立和履行，除适用保险合同的一般原理以外，还应反映水产养殖原保险的特殊要求。另外，为了分散水产养殖原保险人的风险，水产养殖再保险的作用非同小可。

我国水产养殖保险从 20 世纪 80 年代就开始在广东、湖南、湖北和江西等地区进行试点，但发展缓慢，与水产养殖的飞速发展极

黄鳝养殖关键技术精解

不相称。2004 年中央 1 号文件首次明确"开展政策性农业保险试点"工作后，农业保险获得了快速发展，但水产养殖保险发展仍然非常缓慢。就黄鳝养殖而言，目前能提供保险的地区和公司也不多：湖北省仙桃市"中国人寿财产保险有限公司湖北分公司"的黄鳝养殖保险项目属其中之一。2016 年 4 月 12 日，中国渔业互保协会与中国人寿财产保险有限公司湖北分公司在仙桃成功签约，这也标志着仙桃成为全国首个黄鳝养殖保险项目试点城市。保险首次进入黄鳝养殖行业，也给仙桃市黄鳝养殖户拴上了一条安全绳。同年 6 月中旬，仙桃市张沟镇先锋村村民宋昌铁根据《湖北黄鳝养殖保险条例》，为自己的每口网箱购买保额为 600 元、保费为 30 元（其中政府补贴 6 元）的保险。6 月底，湖北遭遇罕见大暴雨。宋昌铁养殖的黄鳝大量死亡，6 月 28 日，经保险公司上门查勘定损，最终为其理赔 2.4192 万元。

附录一　无公害食品　黄鳝养殖技术规范（NY/T 5169—2002）

1　范围

本标准规定了黄鳝（*Monopterus albus* Zuiew）无公害饲养的环境条件、苗种培育、食用鳝饲养和鳝病防治。

本标准适用于黄鳝的无公害土池饲养、水泥池饲养和网箱饲养。

2　规范性引用文件

下列文件中的条款通过本标准的引用而成为本标准的条款。凡是注日期的引用文件，其随后所有的修改单（不包括勘误的内容）或修订版均不适用于本标准，然而，鼓励根据本标准达成协议的各方研究是否可使用这些文件的最新版本。凡是不注日期的引用文件，其最新版本适用于本标准。

GB 11607　渔业水质标准

GB/T 18407.4—2001　农产品安全质量　无公害水产品产地环境要求

NY 5051　　无公害食品　淡水养殖用水水质

NY 5071　　无公害食品　渔用药物使用准则

NY 5072　　无公害食品　渔用配合饲料安全限量

SC/T 1006　淡水网箱养鱼　通用技术要求

3　环境条件

3.1　饲养场地的选择

应符合 GB/T 18407.4—2001 中 3.1 和 3.3 的规定。选择环境安静、水源充足、进排水方便的地方兴建饲养场。

3.2　饲养用水

3.2.1　水源水质

水源水质应符合 GB11607 的规定。

3.2.2　饲养池水质

饲养池水质应符合 NY5051 的规定。

3.3　鳝池和网箱要求

3.3.1　鳝池要求

鳝池为土池或水泥池，其要求以符合表 1 为宜。

表 1　鳝池要求

鳝池类别	面积/m²	池深/cm	水深/cm	水面离池上沿距离/cm	进排水口
苗种池	2～10	40～50	10～20	≥20	进排水口直径 3～5cm，并用网孔尺寸为 0.250mm 的筛绢网片罩住；进水口高出水面 20cm，排水口位于池的最低处
食用鳝饲养池	2～30	70～100	10～30	≥30	

3.3.2　网箱要求

3.3.2.1　网箱制作

选用聚乙烯无结节网片，网孔尺寸 1.18～0.80mm，网箱上下纲绳直径 0.6cm，网箱面积 15～20m² 为宜。

3.3.2.2　网箱设置

池塘网箱应设置在水深大于 1.0m 处，水面面积宜在 500m² 以上，网箱面积不宜超过水面面积的 1/3，网箱吃水深度约为

209

0.5m，网箱上沿距水面和网箱底部距水底应各为 0.5m 以上。其他水域的网箱设置应符合 SC/T1006 的规定。

3.4 放养前的准备

3.4.1 鳝池准备

土池和有土水泥池在放养前 10～15d 用生石灰 150～200g/m² 消毒，再注入新水至水深 10～20cm；无土水泥池池底应光滑，在放养前 15d 加水 10cm 左右，用生石灰 75～100g/m² 或漂白粉（含有效氯 28%）10～15g/m²，全池泼洒消毒，然后放干水再注入新水至水深 10～20cm。池内放养占池面积 2/3 的凤眼莲。

3.4.2 网箱准备

放养前 15d 用 20mg/L 高锰酸钾浸泡网箱 15～20min，将喜旱莲子草或凤眼莲放到网箱里并使其生长。在网箱内设置一个长 60cm，宽 30cm，与水面成 30°角左右的饲料台，沿网箱长边靠水摆放。

4 苗种培育

4.1 培育方式

培育方式宜采用水泥池微流水培育。

4.2 鳝苗放养

4.2.1 鳝苗来源

鳝苗来源有：

从原产地采捕自然繁殖的鳝苗；

从国家认可的黄鳝原（良）种场人工繁殖获得鳝苗。

4.2.2 鳝苗质量要求

放养的鳝苗应无伤病、无畸形、活动能力强。

4.2.3 放养密度

卵黄囊消失后的鳝苗可投入培育池中饲养，放养密度宜为 200～400 尾/m²。

4.3 饲养管理

4.3.1 投饲和驯饲

鳝苗适宜的开口饲料有水蚯蚓、大型轮虫、枝角类、桡足类、摇蚊幼虫和微囊饲料等。经过 10～15d 培育，当鳝苗长至 5cm 以上时可开始驯饲配合饲料。驯饲时，将粉状饲料加水揉成团状定点投放池边，经 1～2d，鳝苗会自行摄食团状饲料。15cm 以上苗种则需在鲜鱼浆或蚌肉中加入 10% 配合饲料，并逐渐增加配合饲料的比例，经 5～7d 驯饲才能达到较好的效果。

4.3.2 投饲量

鲜活饲料的日投饲量为鳝体重的 8%～12%，配合饲料的日投饲量（干重）为鳝体重的 3%～4%。

4.3.3 分级饲养

根据鳝苗的生长和个体差异，应及时分级饲养，同一培育池的鳝苗规格应尽可能保持一致。当苗种长到个体重 20g 时转入食用鳝的饲养。

4.3.4 水质管理

应做到水质清爽，应勤换水保持水中溶氧量不低于 3mg/L。流水饲养池水流量以每天交换 2～3 次为宜，每周彻底换水一次。

4.3.5 水温管理

换水时水温差应控制在 3℃ 以内。保持水温在 20～28℃ 为宜。水温高于 30℃，应采取加注新水、搭建遮阳棚、提高凤眼莲的覆盖面积或减小黄鳝密度等防暑措施；水温低于 5℃ 时应采取提高水位确保水面不结冰、搭建塑料棚或放干池水后在泥土上铺盖稻草等防寒措施。

4.3.6 巡池

坚持早、中、晚巡池检查，每天投饲前检查防逃设施；随时掌握鳝吃食情况，并调整投饲量；观察鳝的活动情况，如发现异常，应及时处理；勤除杂草、敌害、污物；及时清除剩余饲料；查看水色，测量水温，闻有无异味，做好巡池日志。

5 食用鳝饲养

5.1 饲养方式

饲养方式可分为土池饲养、水泥池饲养和网箱饲养，根据具体情况选择适宜的饲养方式。

5.2 鳝种放养

5.2.1 鳝种来源

鳝种来源有：

从原产地采捕野生鳝种；

从国家认可的黄鳝原（良）种场人工繁殖、人工培育获得鳝种。

5.2.2 鳝种质量要求

放养的鳝种应反应灵敏、无伤病、活动能力强、黏液分泌正常。宜选择深黄大斑鳝、土红大斑鳝的地方种群。

5.2.3 放养密度

根据饲养方式确定放养密度，放养规格以 20～50g/尾为宜，按规格分池饲养。面积 20m^2 左右的流水饲养池放养鳝种 1.0～1.5kg/m^2 为宜，面积 2～4m^2 的流水饲养池放养鳝种 3～5kg/m^2 为宜，静水饲养池的放养量约为流水饲养池的1/2；网箱放养鳝种 1.0～2.0kg/m^2 为宜。

5.2.4 鳝种消毒

放养前鳝体应进行消毒，常用消毒药有：

食盐：浓度 2.5％～3％，浸浴 5～8min；

聚维酮碘（含有效碘 1％）：浓度 20～30mg/L，浸浴 10～20min；

四烷基季铵盐络合碘（季铵盐含量 50％）：浓度 0.1～0.2mg/L，浸浴 30～60min。

消毒时水温差应小于 3℃。

5.2.5 放养时间

放养鳝种的时间应选择在晴天，水温宜为 15～25℃。

5.3 饲养管理

5.3.1 驯饲

野生鳝种入池宜投饲蚯蚓、小鱼、小虾和蚌肉等饲料，鳝种摄食正常一周后每 100kg 鳝用 0.2～0.3g 左旋咪唑或甲苯咪唑拌饲驱虫一次，3d 后再驱虫一次，然后开始驯饲配合饲料。驯饲开始时，

黄鳝养殖关键技术精解

将鱼浆、蚯蚓或蚌肉与 10％配合饲料揉成团状饲料或加工成软颗粒饲料或直接拌入膨化颗粒饲料，然后逐渐减少活饲料用量。经 5～7d 驯饲，鳝种能摄食配合饲料。

5.3.2 投饲

5.3.2.1 饲料种类

食用鳝饲料有：

配合饲料；

动物性饲料：鲜活鱼、虾、螺、蚌、蚬、蚯蚓、蝇蛆等；

植物性饲料：新鲜麦芽、大豆饼（粕）、菜籽饼（粕）、青菜、浮萍等。

5.3.2.2 投饲方法

5.3.2.2.1 定质：配合饲料安全限量应符合 NY5072 的规定；动物性饲料和植物性饲料应新鲜、无污染、无腐败变质，投饲前应洗净后在沸水中放置 3～5min，或用高锰酸钾 20mg/L 浸泡 15～20min，或食盐 5％浸泡 5～10min，再用淡水漂洗后投饲。

5.3.2.2.2 定量：水温 20～28℃时，配合饲料的日投饲量（干重）为鳝体重的 1.5％～3％，鲜活饲料的日投饲量为鳝体重的 5％～12％；水温在 20℃以下，28℃以上时，配合饲料的日投饲量（干重）为鳝体重的 1％～2％，鲜活饲料的日投饲量为鳝体重的 4％～6％；投饲量的多少应根据季节、天气、水质和鳝的摄食强度进行调整，所投的饲料宜控制在 2h 内吃完。

5.3.2.2.3 定时：水温 20～28℃时，每天两次，分别为上午 9 时前和下午 15 时后；水温在 20℃以下，28℃以上时，每天上午投饲一次。

5.3.2.2.4 定点：饲料投饲点应固定，宜设置在阴凉暗处，并靠近池的上水口。

5.3.3 水质管理

按 4.3.4 执行。

5.3.4 水温管理

按 4.3.5 执行。

5.3.5 巡池

按 4.3.6 执行。

6 鳝病防治

6.1 鳝病预防

6.1.1 生态预防

鳝病预防宜以生态预防为主。生态预防措施有：

保持良好的空间环境：养鳝场建造合理，满足黄鳝喜暗、喜静、喜温暖的生态习性要求；

加强水质、水温管理：按 4.3.4 和 4.3.5 执行；

在鳝池中种植挺水性植物或凤眼莲、喜旱莲子草等漂浮性植物；在池边种植一些攀缘性植物；

在池中搭配放养少量泥鳅以活跃水体；每池放入数只蟾蜍，以其分泌物预防鳝病。

6.1.2 药物预防

药物预防措施有：

环境消毒：周边环境用漂白粉喷洒；鳝池和网箱消毒按 3.4 执行；

定期消毒：饲养期间每 10d 用漂白粉（含有效氯 28%）1～2mg/L 全池遍洒，或生石灰 30～40mg/L 化浆全池遍洒，两者交替使用；

鳝体消毒：按 5.2.4 执行；

饲料消毒：按 5.3.2.2.1 执行；

工具消毒：养鳝生产中所用的工具应定期消毒，每周 2～3 次。用于消毒的药物有高锰酸钾 100mg/L，浸洗 30min；食盐 5%，浸洗 30min；漂白粉 5%，浸洗 20min。发病池的用具应单独使用，或经严格消毒后再使用。

6.1.3 病鳝隔离

在养殖过程中，应加强巡池检查，一旦发现病鳝，应及时隔离饲养，并用药物处理。药物处理方法按 5.2.4 和 NY 5071 的规定执行。

黄鳝养殖关键技术精解

6.2 常见鳝病及其治疗方法

常见鳝病及其治疗方法见表2。

渔药的使用和休药期应按照 NY 5071 的规定执行。

表2 常见鳝病及其治疗方法

病名	症状	治疗方法
赤皮病	病鳝体表发炎充血,尤其是鳝体两侧和腹部极为明显,呈块状,有时黄鳝上下颌及鳃盖也充血发炎。在病灶处常继发水霉菌感染	用 1.0～1.2mg/L 漂白粉全池泼洒;用 0.05g/m² 明矾兑水泼洒,2d 后用 25g/m² 生石灰兑水泼洒;用 2～4mg/L 五倍子全池遍洒;每 100kg 黄鳝用磺胺嘧啶 5g 拌饵投饲,连喂 4～6d
打印病	患病部位先出现圆形或椭圆形坏死和糜烂,露出白色真皮,皮肤充血发炎的红斑形成显明的轮廓。病鳝游动缓慢,头常伸出水面,久不入穴	外用药同赤皮病;内服药以每 100kg 黄鳝用 2g 磺胺间甲氧嘧啶拌饵投饲,连喂 5～7d
细菌性烂尾病	感染后尾部充血发炎、糜烂,严重时尾部烂掉,肌肉出血、溃烂,骨骼外露,病鳝反应迟钝,头常露出水面	用 10mg/L 的二氧化氯药浴病鳝 5～10min;每 100kg 黄鳝用 5g 土霉素拌饵投饲,每天一次,连喂 5～7d
细菌性肠炎	病鳝离群独游,游动缓慢,鳝体发黑,头部尤甚,腹部出现红斑,食欲减退。剖开肠管可见肠管局部充血发炎,肠内没有食物,肠内黏液较多	每 100kg 黄鳝每天用大蒜 30g 拌饵,分 2 次投饲,连喂 3～5d;每 100kg 黄鳝用 5g 土霉素或磺胺甲基异唑,连喂 5～7d
出血病	病鳝皮肤及内部各器官出血,肝的损坏尤为严重,血管壁变薄甚至破裂	用 10mg/L 的二氧化氯浸浴病鳝 5～10min;每 100kg 黄鳝用 2.5g 氟哌酸拌饵投饲,连续 5d,第一天药量加倍
水霉病	初期病灶并不明显,数天后病灶部位长出棉絮状菌丝,在体表迅速繁殖扩散,形成肉眼可见的白毛	用 400mg/L 食盐、小苏打(1:1)全池泼洒
毛细线虫病	毛细线虫以其头部钻入寄主肠壁黏膜层,引起肠壁充血发炎,病鳝离穴分散池边,极度消瘦,继而死亡	每 100kg 黄鳝用 0.2～0.3g 左旋咪唑或甲苯咪唑,连喂 3d
棘头虫病	棘头虫以其吻端钻进寄主肠黏膜,致肠壁发炎,轻者鳝体发黑,肠道充血,呈慢性炎症状,重者可造成穿孔或肠管被堵塞,鳝体消瘦,有时可引起贫血、死亡	每 100kg 黄鳝用 0.2～0.3g 左旋咪唑或甲苯咪唑和 2g 大蒜素粉或磺胺嘧啶拌饵投饲,连喂 3d

注:1. 浸浴后药物残液不得倒入养殖水体。

2. 磺胺类药物与甲氧苄氨嘧啶(TMP)同用,第一天药量加倍。

附录二 无公害食品 渔用药物使用准则
（NY 5071—2002）

1 范围

本标准规定了渔用药物使用的基本原则、渔用药物的使用方法以及禁用渔药。本标准适用于水产增养殖中的健康管理及病害控制过程中的渔药使用。

2 规范性引用文件

下列文件中的条款通过本标准的引用而成为本标准的条款。凡是注日期的引用文件，其随后所有的修改单（不包括勘误的内容）或修订版均不适用于本标准，然而，鼓励根据本标准达成协议的各方研究是否可使用这些文件的最新版本。凡是不注日期的引用文件，其最新版本适用于本标准。

NY 5070 无公害食品 水产品中渔药残留限量

NY 5072 无公害食品 渔用配合饲料安全限量

3 术语和定义

下列术语和定义适用于本标准。

3.1 渔用药物 fishery drugs

用以预防、控制和治疗水产动植物的病、虫、害，促进养殖品种健康生长，增强机体抗病能力以及改善养殖水体质量的一切物质，简称"渔药"。

3.2 生物源渔药 biogenic fishery medicines

直接利用生物活体或生物代谢过程中产生的具有生物活性的物质或从生物体提取的物质作为防治水产动物病害的渔药。

3.3 渔用生物制品 fishery biopreparate

应用天然或人工改造的微生物、寄生虫、生物毒素或生物组织及其代谢产物为原材料，采用生物学、分子生物学或生物化学等相关技术制成的、用于预防、诊断和治疗水产动物传染病和其他有关疾病的生物制剂。它的效价或安全性应采用生物学方法检定并有严格的可靠性。

3.4　休药期 withdrawal time

最后停止给药日至水产品作为食品上市出售的最短时间。

4　渔用药物使用基本原则

4.1　渔用药物的使用应以不危害人类健康和不破坏水域生态环境为基本原则。

4.2　水生动植物增养殖过程中对病虫害的防治，坚持"以防为主，防治结合"。

4.3　渔药的使用应严格遵循国家和有关部门的有关规定，严禁生产、销售和使用未经取得生产许可证、批准文号与没有生产执行标准的渔药。

4.4　积极鼓励研制、生产和使用"三效"（高效、速效、长效）、"三小"（毒性小、副作用小、用量小）的渔药，提倡使用水产专用渔药、生物源渔药和渔用生物制品。

4.5　病害发生时应对症用药，防止滥用渔药与盲目增大用药量或增加用药次数、延长用药时间。

4.6　食用鱼上市前，应有相应的休药期。休药期的长短，应确保上市水产品的药物残留限量符合 NY5070 要求。

4.7　水产饲料中药物的添加应符合 NY5072 要求，不得选用国家规定禁止使用的药物或添加剂，也不得在饲料中长期添加抗菌药物。

5　渔用药物使用方法

各类渔用药物的使用方法见表1。

6　禁用渔药

严禁使用高毒、高残留或具有三致毒性（致癌、致畸、致突变）的渔药。严禁使用对水域环境有严重破坏而又难以修复的渔药，严禁直接向养殖水域泼洒抗生素，严禁将新近开发的人用新药作为渔药的主要或次要成分。禁用渔药见表2。

表 1　渔用药物的使用方法

渔药名称	用途	用法与用量	休药期/d	注意事项
氧化钙(生石灰) calcii oxydum	用于改善池塘环境，清除敌害生物及预防部分细菌性鱼病	带水清塘：200～250mg/L（虾类）；全池泼洒：350～400mg/L（虾类：20～25mg/L（虾类：15～30mg/L）		不能与漂白粉、有机氯、重金属盐、有机络合物混用
漂白粉 bleaching powder	用于清塘，改善池塘环境及防治细菌性皮肤病、烂鳃病、出血病	带水清塘：20mg/L；全池泼洒：1.0～1.5mg/L	≥5	1. 勿用金属容器盛装 2. 勿与酸、铵盐、生石灰混用
二氯异氰尿酸钠 sodium dichloroisocyanurate	用于清塘及防治细菌性皮肤溃疡病、烂鳃病、出血病	全池泼洒：0.3～0.6mg/L	≥10	勿用金属容器盛装
三氯异氰尿酸 trichloroisocyanuric acid	用于清塘及防治细菌性皮肤溃疡病、烂鳃病、出血病	全池泼洒：0.2～0.5mg/L	≥10	1. 勿用金属容器盛装 2. 针对不同的鱼类和水体的 pH，使用量应当适当增减
二氧化氯 chlorine dioxide	用于防治细菌性皮肤病、烂鳃病、出血病	浸浴：20～40mg/L，5～10min；全池泼洒：0.1～0.2mg/L，严重时 0.3～0.6mg/L	≥10	1. 勿用金属容器盛装 2. 勿与其他消毒剂混用
二溴海因 dibromodimethyl hydantoin	用于防治细菌性和病毒性疾病	全池泼洒：0.2～0.3mg/L		
氯化钠(食盐) sodium chloride	用于防治细菌、真菌或寄生虫疾病	浸浴：1%～3%，5～20min		

渔药名称	用途	用法与用量	休药期/d	注意事项
硫酸铜(蓝矾、胆矾、石胆) copper sulfate	用于治疗纤毛虫、鞭毛虫等寄生性原虫病	浸浴:8mg/L(海水鱼类:8～10mg/L),15～30min 全池泼洒:0.5～0.7mg/L(海水鱼类:0.7～1.0mg/L)		1. 常与硫酸亚铁合用 2. 广东鲂慎用 3. 勿用金属容器盛装 4. 使用后注意池塘增氧 5. 不宜用于治疗小瓜虫病
硫酸亚铁(硫酸低铁、绿矾、青矾) ferrouss ulphate	用于治疗纤毛虫、鞭毛虫等寄生性原虫病	全池泼洒:0.2mg/L(与硫酸铜合用)		1. 治疗寄生性原虫病时需与硫酸铜合用 2. 乌鳢慎用
高锰酸钾(锰酸钾、灰锰氧、锰强灰) potassium permanganate	用于杀灭锚头鳋	浸浴:10～20mg/L,15～30min 全池泼洒:4～7mg/L		1. 水中有机物含量高时药效降低 2. 不宜在强烈阳光下使用
四烷基季铵盐络合碘(季铵盐含量为50%)	对病毒、细菌、纤毛虫、藻类有杀灭作用	全池泼洒:0.3mg/L(虾类相同)		1. 勿与碱性物质同时使用 2. 勿与阴离子表面活性剂混用 3. 使用后注意池塘增氧 4. 勿用金属容器盛装
大蒜 crownts treacle,garlic	用于防治细菌性肠炎	拌饵投喂:10～30g/kg体重,连用4～6d(海水鱼类同)		
大蒜素粉 (含大蒜素10%)	用于防治细菌性肠炎	0.2g/kg体重,连用4～6d(海水鱼类相同)		

泌子

219

鳜黄养殖关键技术精解

渔药名称	用途	用法与用量	休药期/d	注意事项
大黄 medicinal rhubarb	用于防治细菌性肠炎、烂鳃	全池泼洒:2.5~4.0mg/L(海水鱼类相同) 拌饵投喂:5~10g/kg体重,连用4~6d(海水鱼类相同)		投喂时常与黄芩、黄柏合用(三者比例为5:2:3)
黄芩 raikai skullcap	用于防治细菌性肠炎、烂鳃、赤皮、出血病	拌饵投喂:2~4g/kg体重,连用4~6d(海水鱼类相同)		投喂时需与大黄、黄柏合用(三者比例为2:5:3)
黄柏 amur corktree	用于防治细菌性肠炎、出血	拌饵投喂:3~6g/kg体重,连用4~6d(海水鱼类相同)		投喂时需与大黄、黄芩合用(三者比例为3:5:2)
五倍子 chinese sumac	用于防治细菌性烂鳃、赤皮、白皮、泻疮	全池泼洒:2~4mg/L(海水鱼类相同)		
穿心莲 common andrographis	用于防治细菌性肠炎、烂鳃、赤皮	全池泼洒:15~20mg/L 拌饵投喂:10~20g/kg体重,连用4~6d		
苦参 lightyellow sophora	用于防治细菌性肠炎、竖鳞	全池泼洒:1.0~1.5mg/L 拌饵投喂:1~2g/kg体重,连用4~6d		
土霉素 oxytetracycline	用于治疗肠炎病、香鱼、对虾菌病	拌饵投喂:50~80mg/kg体重,连用4~6d(海水鱼类相同,虾类:50~80mg/kg体重,连用5~10d)	≥30(鳗鲡) ≥21(鲶鱼)	勿与铝、镁离子及含钙、碳酸氢钠、凝胶合用
噁喹酸 oxolinic acid	用于治疗细菌性肠炎病、赤鳍病、香鱼、对虾弧菌病、鲈鱼结节病、鲆鱼疖疮病	拌饵投喂:10~30mg/kg体重,连用5~7d(海水鱼类1~20mg/kg体重,对虾:6~60mg/kg体重,连用5d)	≥25(鳗鲡) ≥21(鲤鱼、香鱼) ≥16(其他鱼类)	用药量视不同的疾病有所增减

渔药名称	用途	用法与用量	休药期/d	注意事项
磺胺嘧啶（磺胺哒嗪）sulfadiazine	用于治疗鲤科鱼类的赤皮病、肠炎病，海水鱼链球菌病	拌饵投喂：100mg/kg 体重，连用 5d（海水鱼类相同）		1. 与甲氧苄氨嘧啶（TMP）同用，可产生增效作用 2. 第一天药量加倍
磺胺甲噁唑（新诺明，新明磺）sulfamethoxazole	用于治疗鲤科鱼类的肠炎病	拌饵投喂：100mg/kg 体重，连用 5～7d		1. 不能与酸性药物同用 2. 与甲氧苄氨嘧啶（TMP）同用，可产生增效作用 3. 第一天药量加倍
磺胺间甲氧嘧啶（制菌磺，磺胺-6-甲氧嘧啶）sulfamonomethoxine	用于治疗鲤科鱼类的竖鳞病、赤皮病及弧菌病	拌饵投喂：50～100mg/kg 体重，连用 4～6d	≥37（鳗鲡）	1. 与甲氧苄氨嘧啶（TMP）同用，可产生增效作用 2. 第一天药量加倍
氟苯尼考 florfenicol	用于治疗鳗鲡爱德华氏病、赤鳍病	拌饵投喂：10.0mg/kg 体重，连用 4～6d	≥7（鳗鲡）	
聚维酮碘（聚乙烯吡咯烷酮碘，皮维碘，PVP-I，伏碘）（有效碘 1.0%）povidone-iodine	用于防治细菌性烂鳃病、弧菌病、鳗鲡红头病。并可用于预防病毒病。如草鱼出血病、传染性胰腺坏死病、传染性造血组织坏死病、病毒性出血败血症	全池泼洒：海、淡水幼鱼，幼虾：0.2～0.5mg/L 海、淡水成鱼，成虾：1～2mg/L 鳗鲡：2～4mg/L 浸浴：草鱼种，30mg/L，15～20min 鱼卵：30～50mg/L（海水鱼卵：25～30mg/L），5～15min		1. 勿与金属物品接触 2. 勿与季铵盐类消毒剂直接混合使用

注：1. 用法与用量栏未标明海水鱼类与虾类的均适用于淡水鱼类。
2. 休药期为强制性。

221

表 2 禁用渔药

药物名称	化学名称（组成）	别名
地虫硫磷 fonofos	O-乙基-S-苯基-二硫代磷酸乙酯	大风雷
六六六 BHC（HCH）benzem, bexa-chloridge	1,2,3,4,5,6-六氯环己烷	
林丹 lindane, gammaxare, gamma-BHC, gamma-HCH	γ-1,2,3,4,5,6-六氯环己烷	丙体六六六
毒杀芬 camphechlor(ISO)	八氯莰烯	氯化莰稀
滴滴涕 DDT	2,2-双（对氯苯基）-1,1,1-三氯乙烷	
甘汞 calomel	二氯化汞	
硝酸亚汞 mercurous nitrate	硝酸亚汞	
醋酸汞 mercuric acetate	醋酸汞	
呋喃丹 carbofuran	2,3-二氢-2,2-二甲基-7-苯并呋喃-甲基氨基甲酸甲酯	克百威、大扶农
杀虫脒 chlordimeform	N-(2-甲基-4-氯苯基)N',N'-二甲基甲脒盐酸盐	克死螨
双甲脒 anitraz	1,5-双-(2,4-二甲基苯基)-3-甲基苯基-1,3,5-三氮戊二烯-1,4	二甲苯胺脒
氟氯氰菊酯 cyfluthrin	α-氰基-3-苯氧苄基-4-氟苯基(1R,3R)-3-(2,2-二氯乙烯基)-2,2-二甲基环丙烷羧酸酯	百树菊酯、百树得
氟氰戊菊酯 flucythrinate	(R,S)-α-氰基-3-苯氧苄基(R,S)-2-(4-二氟甲氧基)-3-甲基丁酸酯	保好江乌、氟氰菊酯
五氯酚钠 PCP-Na	五氯酚钠	
孔雀石绿 malachite green	$C_{23}H_{25}ClN_2$	碱性绿、盐基块绿、孔雀绿
锥虫胂胺 tryparsamide		
酒石酸锑钾 antimonyl potassiumtartrate	酒石酸锑钾	

药物名称	化学名称(组成)	别名
磺胺噻唑 sulfathiazolum ST，norsultazo	2-(对氨基苯磺酰胺)-噻唑	消治龙
磺胺脒 sulfaguanidine	N_1-脒基磺胺	磺胺胍
呋喃西林 furacillinum，nitrofurazone	5-硝基呋喃醛缩氨基脲	呋喃新
呋喃唑酮 furazolidonum，nifulidone	3-(5-硝基糠叉氨基)-2-噁唑烷酮	痢特灵
呋喃那斯（包括其盐、酯及制剂）furanace，nifurpirinol	6-羟甲基-2-[-(5-硝基-2-呋喃基乙烯基)]吡啶	P-7138(实验名)
氯霉素（包括其盐、酯及制剂）chloramphennicol	由委内瑞拉链霉素产生或合成法制成	
红霉素 erythromycin	属微生物合成，是 *Streptomyces eyythreus* 产生的抗生素	
杆菌肽锌 zincbacitracin premin	由枯草杆菌 *Bacillus subtilis* 或 *B. leicheniformis* 所产生的抗生素，为一含有噻唑环的多肽化合物	枯草菌肽
泰乐菌素 tylosin	*S. fradiae* 所产生的抗生素	
环丙沙星 ciprofloxacin(CIPRO)	为合成的第三代喹诺酮类抗菌药，常用盐酸盐水合物	环丙氟哌酸
阿伏帕星 avoparcin		阿伏霉素
喹乙醇 olaquindox	喹乙醇	喹酰胺醇羟乙喹氧
速达肥 fenbendazole	5-苯硫基-2-苯并咪唑	苯硫胍氨甲基甲酯
己烯雌酚（包括雌二醇等其他类似合成等雌性激素）diethylstilbestrol，stilbestrol	人工合成的非甾体性激素	乙烯雌酚、人造求偶素
甲基睾丸酮（包括丙酸睾丸素、去氢甲睾酮以及同化物等雄性激素）methyltestosterone，metandren	睾丸素 C_{17} 的甲基衍生物	甲睾酮甲基睾酮

附录三　无公害食品　渔用配合饲料安全限量（NY 5072—2002）

1　范围

本标准规定了渔用配合饲料安全限量的要求、试验方法、检验规则。

本标准适用于渔用配合饲料的成品，其他形式的渔用饲料可参照执行。

2　规范性引用文件

下列文件中的条款通过本标准的引用而成为本标准的条款。凡是注日期的引用文件，其随后所有的修改单（不包括勘误的内容）或修订版均不适用于本标准，然而，鼓励根据本标准达成协议的各方研究是否可使用这些文件的最新版本。凡是不注日期的引用文件，其最新版本适用于本标准。

GB/T 5009.45—1996　水产品卫生标准的分析方法

GB/T 8381—1987　饲料中黄曲霉素 B_1 的测定

GB/T 9675—1988　海产食品中多氯联苯的测定方法

GB/T 13080—1991　饲料中铅的测定方法

GB/T 13081—1991　饲料中汞的测定方法

GB/T 13082—1991　饲料中镉的测定方法

GB/T 13083—1991　饲料中氟的测定方法

GB/T 13084—1991　饲料中氰化物的测定方法

GB/T 13086—1991　饲料中游离棉酚的测定方法

GB/T 13087—1991　饲料中异硫氰酸酯的测定方法

GB/T 13088—1991　饲料中铬的测定方法

GB/T 13089—1991　饲料中噁唑烷硫酮的测定方法

GB/T 13090—1999　饲料中六六六、滴滴涕的测定方法

GB/T 13091—1991　饲料中沙门氏菌的检验方法

GB/T 13092—1991　饲料中霉菌的检验方法

GB/T 14699.1—1993　饲料采样方法

GB/T 17480—1998　饲料中黄曲霉毒素 B₁ 的测定　酶联免疫吸附法

NY 5071　无公害食品　渔用药物使用准则

SC 3501—1996　鱼粉

SC/T 3502　鱼油

《饲料药物添加剂使用规范》［中华人民共和国农业部公告（2001）第［168］号］

《禁止在饲料和动物饮用水中使用的药物品种目录》［中华人民共和国农业部公告（2002）第［176］号］

《食品动物禁用的兽药及其他化合物清单》［中华人民共和国农业部公告（2002）第［193］号］

3　要求

3.1　原料要求

3.1.1　加工渔用饲料所用原料应符合各类原料标准的规定，不得使用受潮、发霉、生虫、腐败变质及受到石油、农药、有害金属等污染的原料。

3.1.2　皮革粉应经过脱铬、脱毒处理。

3.1.3　大豆原料应经过破坏蛋白酶抑制因子的处理。

3.1.4　鱼粉的质量应符合 SC3501 的规定。

3.1.5　鱼油的质量应符合 SC/T3502 中二级精制鱼油的要求。

3.1.6　使用的药物添加剂种类及用量应符合 NY5071、《饲料药物添加剂使用规范》《禁止在饲料和动物饮用水中使用的药物品种目录》《食品动物禁用的兽药及其他化合物清单》的规定；若有新的公告发布，按新规定执行。

3.2　安全指标

渔用配合饲料的安全指标限量应符合表 1 规定。

4　检验方法

4.1　铅的测定

按 GB/T 13080—1991 规定进行。

表 1　渔用配合饲料的安全指标限量

项　目	限　量	适用范围
铅(以 Pb 计)/(mg/kg)	≤5.0	各类渔用配合饲料
汞(以 Hg 计)/(mg/kg)	≤0.5	各类渔用配合饲料
无机砷(以 As 计)/(mg/kg)	≤3	各类渔用配合饲料
镉(以 Cd 计)/(mg/kg)	≤3	海水鱼类、虾类配合饲料
	≤0.5	其他渔用配合饲料
铬(以 Cr 计)/(mg/kg)	≤10	各类渔用配合饲料
氟(以 F 计)/(mg/kg)	≤350	各类渔用配合饲料
游离棉酚/(mg/kg)	≤300	温水杂食性鱼类、虾类配合饲料
	≤150	冷水性鱼类、海水鱼类配合饲料
氰化物/(mg/kg)	≤50	各类渔用配合饲料
多氯联苯/(mg/kg)	≤0.3	各类渔用配合饲料
异硫氰酸酯/(mg/kg)	≤500	各类渔用配合饲料
噁唑烷硫酮/(mg/kg)	≤500	各类渔用配合饲料
油脂酸价(KOH)/(mg/g)	≤2	渔用育苗配合饲料
	≤6	渔用育成配合饲料
	≤3	鳗鲡育成配合饲料
黄曲霉毒素 B_1/(mg/kg)	≤0.01	各类渔用配合饲料
六六六/(mg/kg)	≤0.3	各类渔用配合饲料
滴滴涕/(mg/kg)	≤0.2	各类渔用配合饲料
沙门菌/(cfu/25g)	不得检出	各类渔用配合饲料
霉菌/(cfu/g)	≤3×10⁴	各类渔用配合饲料

4.2　汞的测定

按 GB/T 13081—1991 规定进行。

4.3　无机砷的测定

按 GB/T 5009.45—1996 规定进行。

4.4　镉的测定

按 GB/T 13082—1991 规定进行。

4.5 铬的测定

按 GB/T 13088—1991 规定进行。

4.6 氟的测定

按 GB/T 13083—1991 规定进行。

4.7 游离棉酚的测定

按 GB/T 13086—1991 规定进行。

4.8 氰化物的测定

按 GB/T 13084—1991 规定进行。

4.9 多氯联苯的测定

按 GB/T 9675—1988 规定进行。

4.10 异硫氰酸酯的测定

按 GB/T 13087—1991 规定进行。

4.11 噁唑烷硫酮的测定

按 GB/T 13089—1991 规定进行。

4.12 油脂酸价的测定

按 SC 3501—1996 规定进行。

4.13 黄曲霉毒素 B1 的测定

按 GB/T 8381—1987、GB/T 17480—1998 规定进行，其中 GB/T 8381—1987 为仲裁方法。

4.14 六六六、滴滴涕的测定

按 GB/T 13090—1991 规定进行。

4.15 沙门氏菌的检验

按 GB/T 13091—1991 规定进行。

4.16 霉菌的检验

按 GB/T 13092—1991 规定进行，注意计数时不应计入酵母菌。

5 检验规则

5.1 组批

以生产企业中每天（班）生产的成品为一检验批，按批号抽样。在销售者或用户处按产品出厂包装的标示批号抽样。

5.2　抽样

渔用配合饲料产品的抽样按 GB/T 14699.1—1993 规定执行。

批量在 1t 以下时，按其袋数的四分之一抽取。批量在 1t 以上时，抽样袋数不少于 10 袋。沿堆积立面以"×"形或"W"形对各袋抽取。产品未堆垛时应在各部位随机抽取，样品抽取时一般应用钢管或铜制管制成的槽形取样器。由各袋取出的样品应充分混匀后按四分法分别留样。每批饲料的检验用样品不少于 500g。另有同样数量的样品作留样备查。

作为抽样应有记录，内容包括：样品名称、型号、抽样时间、地点、产品批号、抽样数量、抽样人签字等。

5.3　判定

5.3.1　渔用配合饲料中所检的各项安全指标均应符合标准要求。

5.3.2　所检安全指标中有一项不符合标准规定时，允许加倍抽样将此项指标复验一次，按复验结果判定本批产品是否合格。经复检后所检指标仍不合格的产品则判为不合格品。

参 考 文 献

[1] 高志慧. 最新黄鳝泥鳅养殖实用大全. 北京：中国农业出版社，2003.

[2] 计连泉. 黄鳝病害防治技术. 科学养鱼，2008，（03）：55-56.

[3] 江礼成，洪玉定，李建伟，等. 无公害黄鳝池塘网箱养殖操作规程. 科学养鱼，2005，（02）：26-27.

[4] 李育培，盛晓洒，刁晓明. 黄鳝仿生态繁殖技术. 渔业致富指南，2008，（01）：65.

[5] 林易，陆露. 黄鳝人工繁育及网箱稻田养殖技术讲座（一）黄鳝的生物学特性. 渔业致富指南，2008，（01）：65-66.

[6] 林易，陆露. 黄鳝人工繁育及网箱稻田养殖技术讲座（二）黄鳝的人工繁殖. 渔业致富指南，2008，（02）：62-64.

[7] 林易，陆露. 黄鳝人工繁育及网箱稻田养殖技术讲座（三）黄鳝的苗种培育. 渔业致富指南，2008，（03）：60-61.

[8] 林易，陆露. 黄鳝人工繁育及网箱稻田养殖技术讲座（四）网箱养鳝的主要模式. 渔业致富指南，2008，（04）：64.

[9] 林易，陆露. 黄鳝人工繁育及网箱稻田养殖技术讲座（五）网箱养鳝的鳝种选择与投放. 渔业致富指南. 2008，（05）：74.

[10] 马学坤，张璐，刘贤敏. 黄鳝池塘网箱养殖技术. 当代水产，2009（01）：28-30.

[11] 裴家田，王站江. 黄鳝的健康养殖技术问答（五）. 渔业致富指南，2009（05）：68-69.

[12] 司亚东. 黄鳝实用养殖技术. 北京：金盾出版社，2003.

[13] 徐兴川. 黄鳝集约化养殖与疾病防治新技术. 北京：中国农业出版社，2001.

[14] 徐在宽，潘建林. 泥鳅、黄鳝无公害养殖重点、难点与实例. 北京：科学技术文献出版社，2005.

[15] 杨贵安，高光明，魏开建. 黄鳝的养殖与疾病防治（中）. 科学养鱼，2007，（02）：79.

[16] 杨贵安，高光明，魏开建. 黄鳝的养殖与疾病防治（下）. 科学养鱼，2007，（03）：79.

[17] 詹松文，徐宏，李季美. 提高黄鳝苗种成活率技术. 渔业致富指南，2008，（04）：48.

[18] 周碧云，薛镇宇. 黄鳝高效益养殖技术. 北京：金盾出版社，2005.

[19] 周秋白. 黄鳝泥鳅高产养殖技术. 南昌：江西科学技术出版社，1999.

[20]　熊家军，宋淇淇. 黄鳝健康养殖新技术. 广州：广东科技出版社，2008.

[21]　苟兴能，苟清碧，李虎，等. 黄鳝人工孵化方法的试验研究. 水利渔业，2004，24（5）：37.

[22]　邴旭文. 模仿自然繁殖条件下的黄鳝人工繁殖试验. 水产学报，2005，29（2）：285-288.

[23]　林浩然. 鱼类生理学. 广州：广东高等教育出版社，1999.

[24]　于康震. 打好渔业转方式调结构"六场硬仗". 中国渔业报，2016-05-23（A01）.

[25]　张伟. 黄鳝性别鉴定及其相关繁殖生物学研究. 武汉：华中农业大学，2015.

[26]　李明锋. 黄鳝 *Monopterus albus*（Zuiew）人工养殖技术研究现状. 现代渔业信息，2006，21（12）：24-27.

[27]　尹绍武，周工健，刘筠. 黄鳝的繁殖生态学研究，生态学报，2005，25（03）：435-439.

[28]　李文龙. 黄鳝的自然资源现状及养殖前景. 科学养鱼，2011，（09）：2-3.

[29]　李才根. 黄鳝人工配合饲料及其加工. 科学种养，2010，（01）：41-42.

[30]　罗鸣钟，靳恒，杨代勤. 黄鳝生物学及养殖生态学研究进展. 水产科学，2014（08）：529-534.

[31]　胡王. 黄鳝养殖实用技术. 畜牧与饲料科学，2010，31（2）：104-107.

[32]　刘胜军，周静文，杨代勤，等. 名特水产养殖对象黄鳝免疫基因的研究现状. 安徽农业科学，2015，43（19）：131-133.

[33]　黄成娟. 浅谈黄鳝的养殖现状和发展前景. 齐鲁渔业，2010，27（7）：57.

[34]　李薇浅. 浅谈黄鳝养殖技术. 安徽农学通报，2011，17（17）：168.

[35]　潘望城. 饲料中不同植物蛋白源对黄鳝生长及延缓其性逆转的影响. 武汉：华中农业大学，2013.

[36]　杨宗英，王玉兰，曾柳根，等. 黄鳝出血病三联微胶囊口服疫苗制备及免疫效果研究. 南方农业学报，2016，47（6）：1039-1044.

[37]　陈丽婷，肖光明，王晓清，等. 黄鳝养殖主要病害分析及防治措施. 当代水产，2012，（7）：67-69.

[38]　何志刚，胡毅，于海罗，等. 饲料中不同磷水平对黄鳝生长、体成分及部分生理生化指标的影响. 水产学报，2014，38（10）：1770-1777.

[39]　周秋白，朱长生，吴华东，等. 饲料中不同脂肪源对黄鳝生长和组织中脂肪酸含量的影响. 水产生物学报，2011：35（03）：246-254.

[40]　袁汉文. 不同外源因子对黄鳝性逆转的影响研究. 武汉：华中农业大学，2011.

[41]　邵乃麟. 黄鳝—克氏原螯虾—水稻高效生态种养殖模式的探索. 上海：上海海洋

大学，2015.

[42] 杨帆，张世萍，韩凯佳. 投喂频率对黄鳝幼鱼摄食、生长及饵料利用效率的影响. 淡水渔业，2011，41（3）：50-54.

[43] 张达云，申屠基康. 中草药在水生动物机体调节和抗应激中的应用. 现代农业科技，2016，（10）：256-257.

参考文献